美国绿色建筑译丛

绿色全攻略——如何成为一名成功的绿色建筑建造商

(美)伍德森(Woodson,R.D.) 著
马 磊 王 迎 译

北方联合出版传媒（集团）股份有限公司
辽宁科学技术出版社
沈阳

AUTHOR：WOODSON，R. D.
TITLE：BE A SUCCESSFUL GREEN BUILDER
ISBN：0-07-159261-X

图书在版编目（CIP）数据

绿色全攻略：如何成为一名成功的绿色建筑建造商/（美）伍德森（Woodson，R. D.）著；马磊，王迎译. —沈阳：辽宁科学技术出版社，2009.12
（美国绿色建筑译丛）
ISBN 978-7-5381-6244-8

Ⅰ. 绿… Ⅱ. ①伍… ②马… ③王… Ⅲ. 建筑工程—无污染技术 Ⅳ. TU-023

中国版本图书馆CIP数据核字（2009）第242611号

出版发行：北方联合出版传媒（集团）股份有限公司
辽宁科学技术出版社
（地址：沈阳市和平区十一纬路29号 邮编：110003）
印 刷 者：沈阳市北陵印刷厂有限公司
经 销 者：各地新华书店
幅面尺寸：185mm×230mm
印　　张：13.5
字　　数：235千字
出版时间：2010年2月第1版
印刷时间：2010年2月第1次印刷
策划编辑：郑松昌
责任编辑：李玮　金秋颖
封面设计：北京灵麒时代
责任校对：侯立萍

书　　号：ISBN 978-7-5381-6244-8
定　　价：38.00元

联系电话：024-23284376 010-88382945
邮购热线：024-23284502 010-88384660
E-mail：sdlk_book@163.com
http://www.book-age.com
本书网址：www.lnkj.cn/uri.sh/6244

中国绿色建筑委员会简介

中国城市科学研究会绿色建筑与节能专业委员会（简称：中国绿色建筑委员会，英文名称 China Green Building Council，缩写为 ChinaGBC）于 2008 年 3 月正式成立，是经中国科协批准、民政部登记注册的中国城市科学研究会的分支机构，是研究适合我国国情的绿色建筑与建筑节能的理论与技术集成系统、协助政府推动我国绿色建筑发展的学术团体。成员来自科研、高校、设计、房地产开发、建筑施工、制造业及行业管理部门等企事业单位中从事绿色建筑和建筑节能研究与实践的专家、学者和专业技术人员。

本会的宗旨：坚持科学发展观，促进学术繁荣；面向经济建设，深入研究社会主义市场经济条件下发展绿色建筑与建筑节能的理论与政策，努力创建适应中国国情的绿色建筑与建筑节能的科学体系，提高我国在快速城镇化过程中资源能源利用效率，保障和改善人居环境，积极参与国际学术交流，推动绿色建筑与建筑节能的技术进步，促进绿色建筑科技人才成长，发挥桥梁与纽带作用，为促进我国绿色建筑与建筑节能事业的发展做出贡献。

本会的办会原则：坚持产学研结合、务实创新、服务行业、民主协商的办会原则。

本会的主要业务范围：从事绿色建筑与节能理论研究；开展学术交流和国际合作，组织专业技术培训，编辑出版专业书刊，开展宣传教育活动，普及绿色建筑的相关知识，为政府主管部门和企业提供咨询服务。

《美国绿色建筑译丛》编译委员会专家简介

编译委员会常务委员

王有为　研究员，中国绿色建筑委员会主任委员，中国城市科学研究会绿色建筑评审专家委员会主任，中国建筑科学研究院顾问总工程师，中国建筑科学研究院原副院长，《建设科技》杂志专家委员会副主任。国家标准《绿色建筑评价标准》（GB/T50378）主编，国家标准《住宅性能评定标准》（GB/T50362）副主编，《绿色施工导则》主编。主要研究方向为绿色建筑、建筑结构理论、工程抗震、地下空间开发等。

王　俊　工学博士，研究员，中国建筑科学研究院院长，中国绿色建筑委员会副主任，中国城市科学研究会绿色建筑评审专家委员会副主任、结构专业组组长，中国认证认可协会副会长，中国建筑业协会专家委员会常务副主任，中国土木工程学会常务理事及《土木工程学报》主编等。主要研究方向为绿色建筑结构技术、结构工程检测评定技术、结构安全性技术、空间结构技术等。曾获得国家科技进步二等奖、华夏建设科技进步奖等。

王建国　东南大学建筑学院院长，城市规划设计研究院院长，教育部“长江学者”特聘教授、国家杰出青年科学基金获得者。世界人居环境学会（WSE）会员；国务院学位委员会学科评议组成员；国家自然科学基金委员会学科评审组成员；全国高等学校建筑学专业教育评估委员会副主任；中国城市规划学会常务理事；中国建筑学会理事；建设部城乡规划专家委员会委员；中国绿色建筑委员会副主任。

王清勤 教授级高级工程师，中国绿色建筑委员会副秘书长，中国城市科学研究会绿色建筑评审专家委员会委员，中国实验动物学会常务理事，中国建筑科学研究院院长助理、科技处处长。主要研究方向为绿色建筑、建筑节能和既有建筑改造。曾主持“九五”国家科技攻关课题、“十五”国家SARS科技攻关专项、中加建筑节能合作项目、中日住宅性能合作项目等。目前负责“十一五”国家科技支撑计划重大课题研究。主编国家和行业标准5项，合作著作5部，获得省部级科技进步奖4项。

江 亿 中国工程院院士，清华大学建筑学院教授，清华大学建筑节能研究中心主任。国家能源专家咨询委员会委员，建设部科技专家委员会成员，中国城市科学研究会副会长，北京市政府顾问。其主要研究方向为建筑节能、采暖空调系统优化设计和优化运行、溶液调湿空调系统等。曾获国际建筑模拟协会杰出贡献奖，国家科技进步二等奖两项，国家科技发明二等奖一项，省部级科技一等奖五项。

吴志强 德国柏林工业大学工学博士，同济大学校长助理、教授、博士生导师，中国2010年上海世博会园区总规划师，兼任全球规划教育联合会联席主席、中国绿色建筑与节能专业委员会副主任委员、中国城市规划学会副理事长、全国高等学校城市规划专业指导委员会主任委员等国内外学术机构要职。2005年担任Holcim全球可持续发展建筑大奖赛亚太区评委会主席，组织了Holcim全球可持续建筑大奖赛亚太地区的评选工作；近年分别与瑞典环境部和法国建筑科学研究院合作，主持“超越石油的城市”设计竞赛、“城市形态与能耗”和“可持续城市未来”等研究，推动建立了联合国人居署人居环境研究高校网络，活跃于国内外城市规划学界。

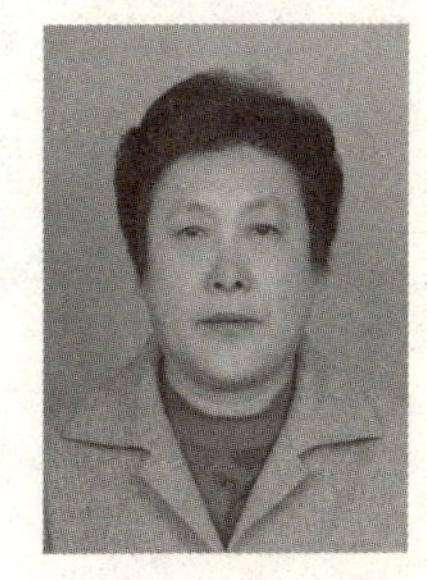

李　萍　中国绿色建筑委员会副秘书长；曾任建设部科技发展促进中心节能办公室主任，建设部建筑节能中心副主任。多年从事建设科技成果推广工作。自1996年起从事建筑节能政策研究与管理工作。曾参与建筑能效测评标识研究和管理文件起草，建筑能耗统计研究和制度建立，地方城市建筑节能规划的编制等。参与全球环境基金、世界银行、联合国开发署等国际组织以及加拿大、法国、德国等国家间建筑节能和供热改革研究示范项目。

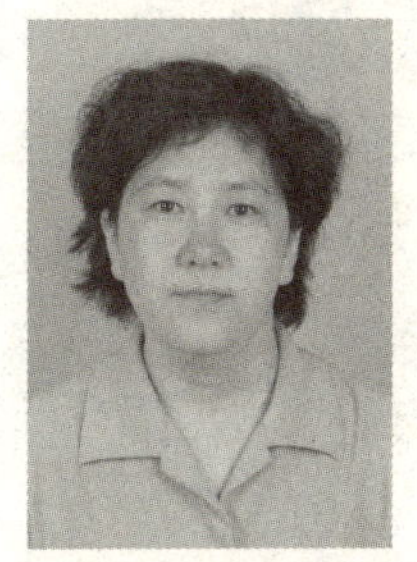

邹燕青　绿色建筑与节能专业委员会副秘书长，分管外事和学组建设，中国城市科学研究会办公室主任，负责组织、外事、科研工作。

张　桦　上海现代建筑设计（集团）有限公司总经理。1985年毕业于清华大学建筑系，2005年获同济大学建筑学博士学位，国家一级注册建筑师。兼任中国勘察设计协会副理事长、中国建筑学会常务理事、中国绿色建筑委员会副主任、中国城市科学研究会绿色建筑评审专家委员会副主任委员，中国绿色建筑委员会规划与设计学组组长。近年来致力于被动式建筑设计实用技术研究等领域，组织编写《建筑节能设计统一技术措施》、翻译出版了《建筑太阳能》、《建筑零能耗技术》等建筑节能专著。

林海燕　男，1954年2月出生，1981年10月同济大学硕士研究生毕业。长期从事建筑热工和建筑节能研究工作，负责和参与完成了多项国家、部委的科研项目，目前是“十一五”国家科技支撑计划重大课题“新型建筑节能围护结构关键技术研究”课题负责人。参与主持制定《公共建筑节能设计标准》、《严寒和寒冷地区居住建筑节能设计标准》等几项国家和行业标准，开发和编制了若干个建筑传热和能耗的计算软件。参与《绿色建筑评价标准》的编制工作。

杨　榕　住房和城乡建设部科技发展促进中心主任，高级工程师。2001—2003 年在肯尼亚中国驻联合国人居署代表处工作，2004—2008 年在建设部定额司从事定额管理工作。

项　勤　杭州市人大常委会副主任、财经委主任，曾兼任杭州市副市长（分管过城市建设、教育、商贸旅游行业）；浙江大学城市学院特聘教授，中国绿色建筑委员会浙江委员会主任委员。

修　龙　男，汉族，1957 年 5 月出生，硕士学位，曾在日本留学。研究员，国家一级注册结构工程师，国务院享受政府特殊津贴专家，现任中国建筑设计研究院院长，曾任中国建筑科学研究院副院长，兼任中国房地产及住宅研究会副会长、中国勘察设计协会工程建设标准设计工作委员会主任委员。多年从事绿色建筑理论研究与工程设计实践，并有相关论著发表。

程志军　工学博士，研究员。中国城市科学研究会绿色建筑研究中心主任，中国绿色建筑委员会委员，中国建筑科学研究院标准规范研究中心副主任。主要研究领域有绿色建筑、绿色施工、高强钢筋应用、工程建设标准化等。主持 6 项工程建设标准国家标准、行业标准和协会标准的研究与编制工作。承担 12 项国家科技攻关（支撑）计划、863 计划、建设部计划课题研究工作。获省部级科技进步奖和荣誉称号 6 次。

编译委员会委员

引 言

建造可持续性建筑是未来时代的潮流。“绿色”的建造不仅有利于环境，而且可以增加你的收入。对于生态友好型建筑的建造需求非常多，人们都愿意支付更高的价钱以减少浪费。

无论你是一个想要冒险成为建造商的木匠还是一个已经在做生意的传统建造商，你都要认真思考具有可持续性的建筑材料及做法。“绿色”并不仅如你在建造住宅时使用一些绿色环保构件一般的简单。一个完整的工程需要整合多种可持续性的做法才能做出全面的绿色项目，这是为绿色建造商赢得声誉的最好方式。

当你以绿色建造商的名义来做新的广告时，需要清楚你所肩负的责任。要成为一名真正的绿色建造商，你需要自始至终的学习，而这本书就是一个开始。

本书的作者R. 道奇·伍德森（R. Dodge Woodson）先生在建筑界家喻户晓，作为拥有30年从业经验的建造商、住宅改造师以及管道技师，伍德森先生对他所谈论的这一切了如指掌。作为一小时咨询费用的一小部分的花费，这本书是一个可以获得无价经验的机会。对于将绿色建造商作为新职业的你来说，如果你正在建筑界寻找光明的未来，这本书将是你踏入建筑界坚实的第一步。

首先看一下本书的目录，再浏览一遍整本书并且重点注意一下提示栏。作者运用对话的口吻以及和读者友好亲近的方式使阅读本书成为一种愉悦的享受而不是刻板的学习过程。本书提供了一个有效的方法，即如何成为一名成功的绿色建筑承包商而不必忍受与学习有关的痛苦。这正是你进入“绿色繁荣”的捷径。

目　　录

第一章　绿色建筑的商业价值

什么是绿色建筑？简单地说，就是采用一种对周边环境影响最小的建造方式来建设的建筑。近年来，循环、再利用、避免浪费、以对地球未来生态环境的最小影响来实现最大利用的这种趋势越发明显，这为建筑行业的人们创造了一个崭新机遇。

无论你是一个已经成熟的建造商还是刚刚迈入这一行业，绿色建筑都会为你打开赢利之门。可持续的建筑将在减小对地球环境影响的同时为你带来增加收入的机会。这听起来像是一个很不错的交易。

绿色建筑凭借什么优势获取赢利呢？为了使用可持续的产品，多数人都会愿意支付更多的金钱，以寻求改善未来几代人的生活环境。你是否很难相信人们会愿意在环境友好型材料上花费大笔资金呢？但事实上，绿色产业正在带来爆炸性的增长与机会。

绿色建筑不仅意味着在建筑中使用木材。建筑中的管道设备使用最少量的水就能完成其功能需求，这也包含在绿色建筑的含义中。低功率灯具以及自然采光的应用都将有助于建设绿色住宅。建造商在绿色住宅的建造上多花费的资金将会在日后建筑的使用中得到补偿，这对住户和你都非常有利。

建筑业的绿色运动始于土地开发。开发商已经知道应在土地规划中创造绿色空间。早在20世纪80年代初我就开始做这方面的研究。在过去的30多年中，相比于我刚刚进入房地产业的时候，可持续的建筑在不断地增长并且发生了巨大的变化。

进入建筑领域有许多种方式：其中一种就是成为一个独资经营者，再有就是加入一些有经验的贸易协会并成立一个小公司，或者尝试在一家公司适合自己的工作岗位上兼职。

> 专家提示
>
> 进入建筑领域有许多种方式：其中一种就是成为一个独资经营者，再有就是加入一些有经验的贸易协会并成立一个小公司，或者尝试在一家公司适合自己的工作岗位上兼职。

大家都知道，钳工、电工、木工、油漆工以及商人等每天都会工作到很晚，并且利用周末加班来赚取更多的钱。我所知道的大部分商人，包括我自己，有时候都会做一份兼职工作，或者是作为逐渐进入另一种行业的转换方式。住宅建造商能否也以加班工作的方式逐渐开始自己的业务呢？当然可以，这一章将会告诉你如何做到。

住宅的建造商或承包商都来自社会的各个行业，许多人一开始是木匠、维修工人或者从事一些小的改造工作，但是他们的目的却是要成为一个全面的住宅建造商。刚开始我是一名管道工，后来进入到住宅改造行业，从那时起，每年我都要建造超过60 栋住宅。

我所见过的建造商，无论他们原先所从事的工作是律师、房地产经纪人、农民、消防员还是警察，这些都不是他们所希望的，之所以让他们离开稳定的工作是因为他们想从事一个全新的并且令人兴奋的职业。几乎大多数人都可以转到住宅建筑行业，无论他们目前从事何种职业，这种职业的转换相对来说更为简单。

如果你的专业背景是建筑专业，那么你将比想涉足这个行业的其他人拥有更加明显的优势。虽然你可能从来没有建造过一栋建筑，在新建建筑时，通过对各环节分包商的了解，你会有不错的想法和创意。工地上的经验确实很有用，但仅仅是这些并不能让人成为一名优秀的建造商，建造的商业层面同样也需要好好学习。那么，如何才能摆脱为了生计而从事的职业并且享受作为一名住宅建造商的快乐呢?

万事开头难，一个建造商的起步并不容易；除了需要一些启动资金以及先前有关建筑的经验之外，还应与电气、管道、挖掘分包商以及设备供应商有一定的联系。另外，与当地的银行有一定的联系，哪怕只是在那拥有一个储蓄账户，也将会很有帮助。我深信，拥有金融资源是进入建筑行业的最佳策略。我从未享受这种奢华，我不得不从最基层开始做起，然后爬到山顶。有时候，山峰似乎是由砾石堆成的，因为每当我快要接近山顶的时候，都会滑落到山谷。但是，我成功地止住了后退，并且到达了山巅。相信你也能做到。

在从事管道以及住宅改造工作一段时间之后，我的视野有所提高，下一个具有逻辑性的阶段工作或许就是住宅建造。那时候我还没有自己的住宅，我意识到也许可以将为自己建造一个新家作为我在建筑业的开始，我确实这样做了。在建造自己住宅的时候，我用辛勤的汗水支付了房子的首付款，或者换个说法，我没有花钱就建造了这所住宅。甚至从这个交易中，我还能获得微

> 专家提示：
>
> 万事开头难，一个建造商的起步并不容易；除了需要一些启动资金以及先前有关建筑的经验之外，还应与电气、管道、挖掘分包商以及设备供应商有一定的联系。另外，与当地的银行有一定的联系，哪怕只是在那拥有一个储蓄账户，也将会很有帮助。

薄的利润。这第一幢房子是我接受挑战来达到山巅的进身之阶。在此过程中，通过与一些设备和材料供应商建立的关系，以及在银行开户并及时还款，也增加了我的信用度。

在为自己建造第一幢住宅时，我并不是亲自钉了每一个钉子，而是在建造的过程中扮演了总指挥的角色。我和我的妻子做了安装管道、石膏板、刷油漆、贴瓷砖以及其他一些工作，不过我们用了分包商来分担我们的工作。这所房子的花费超出了我的预算，而且石膏板的安装工作做得也不是很好。在这所房子的建造过程中，我学到了很多，比如可以雇用其他人来做石膏板的安装，等等。在用我的业余时间建好了自己的住宅之后，我决定卖掉它，然后开始建造另一个新房子。

在接下来的三年时间里，我和我的妻子每年都建造一幢新房子。在建完我们的第二个新家之后，我们开始投资建房。在完成我们的第三幢房子之后，除了继续管道安装以及住宅改造工作之外，我们平均每年都要建造大约 12 栋住宅。当真正拥有一定的资金之后，我们开始每年建造 60 栋住宅，运作管道业务，有选择性地做一些住宅改造工程，并且经营房地产销售和物业管理业务。所有这些业务的出现都是由于住宅建造的收入。我们用做管道安装以及住宅改造所赚来的钱偿还了贷款，我们做的兼职为我们提供了进军“顶级联赛”的资金支持。我认为只要用心做事情，你也会取得相似的成功。

基本要求

成为一名业余的绿色建造商需要哪些基本要求呢？其实比你想象的要少。有两种类型的建造商：一种是提供全面服务的总承包商，他会雇用工作中所需的各种员工来完成工作，而尽量少利用分包商；另一种类型被称为“经纪人”，作为总承包商，他会将所有或者大部分的工作承包给其他的“专业”承包商（分包商）。

> 专家提示
>
> 有两种类型的建造商：一种是提供全面服务的总承包商，他会雇用工作中所需的各种员工来完成工作，而尽量少利用分包商；另一种类型被称为“经纪人”，作为总承包商，他会将所有或者大部分的工作承包给其他的“专业”承包商（分包商）。

如果你想成为一名提供“全套服务”的承包商，就要雇用你自己的木匠、电工、管道工、策划人员以及屋顶建造师。这就意味着你必须准备好每周的员工工资，找到合适的有资质的工人，让他们为你工作。

如果你想成为一名“经纪人”类型的总承包商，你就不需要准备卡车、工具以及各种设备，你的分包商会自己提供。你所要做的就是要安排计划并且监督他们的工作。这些分包商将会要求你每月支付他们薪水，所以你的资金流动将会是每月发生而不是每周。然而，任何一种途径都不会像看上去这样简单。

当你开始日常工作的时候，你将需要一个电话接听服务或电话答录机来接收电话留言。在你所在的地区可能需要建造许可证，并且通常也需要一个营业执照。你可以在家里面办公，并且在未来客户家里会见他们。你应当投资责任保险，你的保险代理人可以在不同类型的政策之间引导你。并且你应该为自己做广告宣传。总的来说，资金是对你成为一名业余建造商的最低要求。

对于建造商来说，最好保留一定的资金来应付不可预期的资金问题，但是如果你在工作中很勤奋并且运气好的话，你会花费很少的资金来解决问题。如果工作细致无差错并且赢利，按计划完成工作，而且核查你的合同以确保客户能按时支付款项，你将有可能不需要大量的现金储备，毕竟你会通过正规的雇佣来支付日常开支以及建造过程中的额外费用。

首要障碍

在你决定投身建筑业之前有两个障碍需要加以解决：所在州要求的执照，以及作为一名建造商所需要的良好记录和参考资料。

> 专家提示
>
> 在你决定投身建筑业之前有两个障碍需要加以解决：所在州所要求的执照，以及作为一名建筑商所需要的良好记录和参考资料。

让我们首先讨论一下关于执照的事情。许多州都要求承包商在开始运作他们的商业之前进行注册。这是一个好消息，如果你要申请执照的话，你可以向你所在的州政府咨询需要哪些资质。州与州之间都有很大的不同。以前，我曾经向许多州咨询过他们的要求。比如在马里兰州，当你要开始运作你的住宅发展以及改造工程之前，你需要一个政府颁发的执照。请记住这一直是我所核查的事实，并且你也应当在开始业务之前查阅现行的法律与规章。在获得申请之前，你必须通过一个考试，并且想要取得参加考试的资格，你必须首先符合一定的工作和财务方面的要求。在阿拉巴马州，你只需要具备四个参考资料，保险证明，以及净资产达到1万美元。在伊利诺伊州，除了屋顶承包商之外，大部分的承包商都不需要任何执照。

第二个障碍是缺乏建造记录和推荐人。有可能你的客户需要推荐人的姓名，他们甚至希望看到一些你做过的工程案例。而你只是刚刚开始营业，很难提供推荐人或者工程案例。这是一个很难克服的障碍，但是也有解决问题的方法。

当你开始构思建造你的第一栋住宅的时候，你将不得不因为推荐人以及工程案例的缺乏而担忧。房子的潜在客户希望看到他们能够得到的利益，这会使你的工作变得容易一些。如果你不能在投资的基础上承担风险，你将不得不更富有创造性地提出一个能让客户接受的办法。如果你一直在从事住宅的维修以及改造工作，你可以将这些客户作为你的推荐人。

我所建造并销售的第一栋住宅，在建造的时候并没有等着顾客排队购买，这样我就为自己创造了参考案例。但是当我搬到缅因州之后，我就没有任何的参考案例了。因此获得我的第一份建房合同也十分困难。人们来到我的办公室谈论关于建造住宅的事情，他们总希望能见到证明我能力的证据，而我并不能提供。因此，我必须有一个新的计划。

为了克服没有展示给客户的模型或者案例的问题，我改变了我的广告计划。广告将为人们提供一个减少花费修建新住宅的机会，而且住宅的建造商还会在房屋使用后的第一年每月都付给他一定的费用，作为交换，他将允许把他的住宅作为一个案例来定期地展示。我将报价下调5%，并且在12个月中每个月向客户支付150美元作为住宅展示费。这个战略开始实施之后，便有客户开始登门了，住宅也建好了，我开始回到正常的运作。

在我最初建造的两栋住宅中，价格的折扣以及付给每栋住宅的1200美元的住宅展示费虽然降低了我的利润，但是当将这两栋住宅作为参考之后，我将不需要再额外支付特殊的费用。由于起初的一小部分割舍，我能够很快地开始我的公司的运作。你也可以尝试类似的方法，或者你有更好的办法。关键是我们要有解决没有参考资料以及案例住宅问题的方法。

知　识

要成为一名成功的房屋建造商，你需要多少建筑知识呢？当然是越多越好。但是当你具有了基础水平的知识之后就可以开始了，并且可以边赚钱边学习。作为一个总承包商，你并不需要做建造中的任何体力劳动。你的首要任务就是安排和监督工人的工作。当你了解了他们在做什么以及这些工作应当如何完成之后，监督别人的工作就显得比较简单了。但是你不一定要成为一名石膏板工人来监督石膏板的安装工作。如果一个工作看上去不错，你会知道；如果看上去很糟糕，你也会看得出来。

在住宅的基础、结构以及水电的施工过程中，当地建设部门的执法人员会多次地去检查工作，以保证这些工作都符合法规的规定。在这些执法人员的例行检查中，你可以挑选许多技术资料与他们进行交流。

从理论上讲，作为一名将所有工作分包给独立的承包商的房屋建造商，你并不需要了解很多的建造知识，但是，作为一名总承包商，你对工程质量负有最重要的责任。了解大部分建造知识的建造商将会比不懂得房屋建造过程的人更容易成功。

如果你拥有良好的组织能力以及能很好地管理工作人员、预算和工程进度，你应该能够成为一名很好的房屋建造商。看着分包商工作也能获得许多有用的信息。向周边的人询问，你就会发现分包商也愿意与你讨论他们的工作并且回答你的问题。阅读书籍以及贸易杂志也能增加你的知识。许多特定的贸易杂志是免费的；当你拜访分包商的办公室的时候，如果在桌子上看到这些杂志，在杂志中翻看一下申请表格，你就可以申请订阅。有许多的书和视频可以有效地一步步地指导你做自己的事情，无论是水管还是瓷砖工作。你可以通过阅读和观察商人的工作自学，但是工地上的经验会非常有帮助。

风　险

对于新手来说，首要的风险就是缺乏房屋定价的经验。即使是富有经验的木匠，也经常不知道如何给一个完整的房屋估价。他们不习惯计算化粪池系统、污水处理管道、地板铺装以及坡度修整的费用。那么，如何才能让没有经验的你做出最好的估价呢？

> 专家提示
>
> 对于新手来说，首要的风险就是缺乏房屋定价的经验。即使是富有经验的木匠，也经常不知道如何给一个完整的房屋估价。他们不习惯计算化粪池系统、污水处理管道、地板铺装以及坡度修整的费用。

向你的建筑材料供应商提供一份设计图，要求经理对你的材料需求进行评估并给出价格。许多的供应商都会免费提供这项服务，但是有一些则不会。向每一个你需要的供应商提供设计图纸的复印件，从多个供应商那里获得报价是一个很好的主意。尝试着为每一单生意选择两个候补供应商，以建立一个存在竞争的状况。候补供应商提供给你他们所能做的所有工作的报价，当你的候补供应商与供应商给出你价格的时候，你就可以开始做一些房屋估价了。

将设计图纸拿给一位有名气的房地产评估师，让他提出一些关于价值的选择方案或者完全成熟的评估，这会有所花费，但是很值得。

只要评估师评估了你的房屋价值，你就能更精确地计算出它的市场价值。你可以选择一些指导价格，以确定各个阶段工作的花费。有关这类内容的指南在许多书店都可以买到，它们指导你如何在特定的区域做出价格的调整。

当你从供应商以及分包商那得到价格之后，你可以和价格指南中的数字进行对比。你也可以在候选供应商和供应商提供的价格以及最终的评估数据中找出差别。这之间的差价和数值代表了你的潜在利润。这通常涉及10%～20%的毛利润。平均利润约为15%，但是这与经济状况以及分包商和供应商的报价有很大关系。我们将在本书的后面部分讨论价格以及评估的问题，但是我们刚刚讨论的程序问题是最基础的。

互联网也是费用评估服务的一个来源。Marshall&Swift网站就是其中之一。网站上提供一些花费指导，例如由麦格劳－希尔（McGraw－Hill）公司出版的《Sweets修复》（*Sweets Repair*）和《改造花费指南》（*Remodeling Cost Guide*）以及由RS Means公司出版的《Means住宅成本数据》（*Means Residential Cost Data*）。

 你能建造多少住宅?

作为一名兼职建造商，你一年能够建造多少栋住宅？这个问题的答案和你的经验水平、销售机会、供应量、个人时间保障等都有很大的关系。你应当每年能够至少修建2栋或者4栋房屋。要是你运用分包商的话，你可以同时修建多所住宅。逐步开始的多个住宅项目，可以在长时期内分散资金需求。

在我兼职创业阶段，曾经一年建造12栋住宅，当然这之中有我妻子的帮助。对于一个有建筑背景以及良好稳定关系的分包商来说，把目标定在每年建造6栋住宅是比较现实的。当你进入到建筑领域之后，你可以估定时间需求并且按照需求调整目标。

你能赚多少钱?

作为一个业余的建造商，你可以赚多少钱?这取决于你所修建住宅的类型以及规模，以及你如何管理产品计划和资金预算。如果你建造一栋价值20万美元的住宅，并且毛利润为20%，你每造一栋住宅就会有4万美元的收入，按照这样计算，每年建造4栋住宅将会有16万美元的收入。真的可以做到吗?是的，但是在你拥有大量经验之前，每栋住宅你将会少赚一些。但是即使每栋住宅赚3万美元，你每年仍然可以赚到12万美元，作为一项兼职工作这已经很不错了。

> 专家提示:
>
> 作为一个业余的建造者，你可以赚多少钱?这取决于你所修建住宅的类型以及规模，以及你如何管理产品计划和资金预算。

如果你想看看最惨的情景，假定你只有10%的毛利润率，每栋住宅2万美元，每年赚8万美元。即使你在工作中出了问题，作为一个建造商这也是不少的钱了。如果你可以在你修建最开始几栋住宅的艰难时刻挺过来，并且获得了诚实、质量可靠的建造商的声誉，这将是一个非常好的机会，使你可以享受一个长时期的并且利润丰厚的职业生涯。

我刚刚给你的这些数据都是基于你是一个总承包商，并且不亲自参与体力劳动的情况下。如果你是你自己的总木匠的话，你也应当给自己发薪水，并且占有全部的百分比。所有你可以自己做的工作都能增加你的收益。但是请记住，真正的钱是有限的，如果你过于陷入繁杂琐碎的工作之中，你就不是一名优秀的总承包商。

当有潜在的因素作为推动，作为一个绿色建造商可以带给你更多的成功机率。在可持续建筑中发挥你的奉献精神，将会增加你的潜在客户。你可以既建造传统住宅也建造绿色住宅，或者你可以专门建造绿色建筑，并且赢得那一部分客户的声誉。最关键的就是要拥有客户，并且可持续建筑可以为你提供拥有更多收入的机会。

第二章　建立业务结构

成功进入建筑业需要好好规划一下，它不是当某一天你决定成为一名住宅建造商，然后在当地报纸做做广告，就等着接听电话那么简单。这是你职业生涯中的一大步，所以轻率不得；迈出第一步之前，你还需要制订许多计划，并充分考虑市场需求。虽然这个行业的经济回报非常丰厚，但是也要记住，有赚钱机会的地方赔钱的可能性也同样存在。为了避免失败，你必须制定一套严密的计划。

你要做的第一件事情就是确保你已经准备好了承担责任，这些责任伴随着你成为一名建造商而产生。你是否已经有了足够多的知识去履行作为总承包商的职责？如果没有，就要开始阅读书籍、参加课程或者去一些建设场所工作。在你作为一名建造商向公众提供服务之前，你应该获取尽可能多的经验和知识。

如果你是一名经验丰富的建造商，但是刚刚踏入绿色建筑领域，那也有很多的研究工作要做。熟悉你所需要的绿色材料，学习可持续建筑的建造程序，加入一些将可持续建筑作为讨论话题的建造商协会组织，上网并且加入一些相关论坛和新闻组，完全沉浸到学习过程中会使你对绿色建筑知识非常精通。

有很多方法可以为成为一名总承包商做准备。阅读每一本你可以找到的关于建筑以及交易的书，并且阅读那些写给住宅所有者以及自建房者的书。也可以看写给专业读者的书，例如由麦格劳－希尔公司出版的此类书。吸收书中所给出的由经验丰富的专业人士提供的有价值的知识。许多建造商都愿意与你分享他们的经验，并指出一些对你有帮助的和避免陷阱的诀窍。

你也可以参加一些涉及多个行业以及住宅建筑业的课程的学习。在某些地方，比如我所生活的地区，会为希望自建住宅的人们提供研讨会的支持。如果感觉需要获得比读书更多的训练，可以参加研讨会或者职业培训班。当地的社区学院经常会提供一些建筑相关的课程，例如基础木工技术、设计图的识图，甚至是工程管理，而且这些课程一般都在晚在开设，价格也十分便宜。

视频学习已经变得极其受欢迎，许多视频都会向你展示如何做具体的工作，比如安装橱柜或者安装管道等。当地的图书馆或者视频音像店也许就会有这些学习工具。

如果没有，我想他们可以给你提供其他的视频，提升你的技能水平。

到一些当地的住宅建筑工地，看看他们都在做什么，记录下来在那里工作的分包商或者运输建材及设备的公司名称。这将会帮助你熟悉当地的建筑业界。走访一些正在建造的住宅，观察它们正在使用的材料和产品的种类，以及一些现场正在进行的工作，以获得有关的行业知识。

贸易展览是获得产品知识的一个很好的途径，很容易就能找到有关绿色建筑的广告宣传，在贸易展览、开放式住宅、研讨会和其他一些聚会场所中，都会找到有关绿色建筑的更深层次的理解。

> 专家提示
>
> 有很多方法可以为成为一名总承包商做准备。阅读每一本你可以找到的关于建筑以及交易的书，并且阅读那些写给住宅所有者以及自主建房者的书。也可以看写给专业读者的书，例如由麦克劳·希尔公司出版的此类书。吸收书中所给出的由经验丰富的专业人士提供的有价值的知识。许多建造商都愿意与你分享他们的经验，并指出一些对你有帮助的和避免陷阱的诀窍。

住宅建筑的商业运营方面将会对你的成功起着关键作用。如果你没有适用的办公技能，比如基本管理以及会计理念，你应当像前面所说的去参加一些由当地社区学院提供的商业课程。良好的管理能力会让你轻松进入到建筑业。

那么现在，假定你已经准备好了要成为一名建造商，你必须找到进入这个赢利市场的途径。如果你有一定的资金以及良好的信誉，就可以开始建造规范化住宅了。这可能有很大风险，虽然我就是这样开始的，但是我并不推荐以此为起点。最为稳妥的方式就是建造那些已经有了买主的住宅。

首先应当建造何种类型的住宅?

首先你应当建造什么类型的住宅呢？建造某些类型的住宅会比较有优势。作为你的第一栋住宅，最好不要期待在一块土质以及排水上有问题的基地上做复杂的设计来建造住宅。请记住，在以后建造住宅时，你将要以第一个住宅客户作为参考资料。一栋牧场风格的住宅是最容易建造的。可靠的两层住宅会让客户感觉他们的花费很值得。首次置业时为了节省预算，科德角（Cape Cods）住宅会非常受人们的欢迎。精细的设计将提高建造商的工作成本。既然你进入了“绿色”领域，应当在你的第一栋住宅中，尽可能多地将绿色元素整合进去。

如果你打算与富有经验的分包商合作，你的第一栋住宅的类型与风格的选择范围会很广泛，但是逻辑告诉我们，简单的设计会使得建造更快更容易。你应当从一栋能快速建造起来的住宅入手，这样可以尽快产生资金流动并赚取利润。将你的第一个设计做得简单些，会更容易对材料和人工做出计划，避免超出预算。总结以上所有的观点，我建议用如下三种住宅作为开始：牧场住宅、海边（科德角）住宅以及双层住宅。

> 专家提示
>
> 如果你打算与富有经验的分包商合作，你的第一栋住宅的类型与风格的选择范围会很广泛，但是逻辑告诉我们，简单的设计会使得建造更快更容易。你应当从一栋能快速建造起来的住宅入手，这样可以尽快产生流动资金并赚取利润。将你的第一个设计做得简单，会更容易对材料和人工做出计划，避免超出预算。总结以上所有的观点，我建议用如下三种住宅作为开始：牧场住宅、海边（科德角）住宅以及双层住宅。

如果你想要建造定制式住宅，你可能想知道为什么要拿出具体的住宅计划。这是一个公平性问题。你将最终为客户建造一栋有详细规格的住宅，但是在你的广告计划中，需要一个或几个基本的设计。如果你只是简单地打出广告说你是一名建造商，并且已经开业，你并不会获得许多客户。但是如果在你的广告中有具体住宅的图片、房屋的功能清单而且包括价格，这样你的电话才会响起来。显然，在刚开始的时候，你需要有一个建筑计划和具体的工作规划。

选择在广告中使用哪种类型的住宅，取决于你所在的地区。一个已经建造并销售了两层红砖住宅、牧场风格住宅或者西班牙使团风格住宅的地区，可能并不适合新英格兰风格的科德角住宅。经济因素也很重要，新住宅的价格也需要与你所建住宅的地区水平相适应。你会与已有的建造商竞争，所以你需要有一些自己的竞争优势。建造绿色建筑将会使你在竞争中占据优势地位，并不是所有的建造商都会选择这条道路，所以你可以通过建造可持续性建筑来获得强有力的竞争优势。

 选择合适的住宅方案

选择合适的住宅方案不是基于个人的喜好。你需要做一些研究工作；到你打算建造住宅的地区走访调查一下。哪种类型的住宅受欢迎？是否建造了许多门厅分离式住宅？有多少新建住宅只有一层的起居空间？是否大多数的住宅都连着车库？房屋前面的门廊是潮流吗？观察这些设计要素的类型可以让你快速了解大众的想法。如果你发现只有不

足八分之一的住宅是单层的牧场风格的设计，你就应该放弃你的牧场风格计划。

图2－1 选择一个能快速并且容易建造的简单方案是非常好的开始，正如这张图片所示（ECO－Block 公司提供）

刚开始不要想着赚钱；如果你效仿你的竞争对手，成功的机会要大得多。如果在你所在的地区，殖民风格的两层住宅很多的话，那就找一个适合殖民风格的方案。随大流去做事，但是要与众不同。什么是与众不同呢？绿色建筑就是你的切入点。

你的优势

作为这一地区的新建造商，你的优势是什么？这是你要自己创造的。进入到绿色建筑领域，你就迈出了正确的第一步。你可以用较低的价格或者出色的设计或者是用中等的价位做出精良的工艺，或者有一些东西能与营销和广告一样，使你明显地超越竞争对手。任何方面都可能成为你的优势，但是需要寻找与发掘。如果仅仅是简单重复其他建造商，你就会处于劣势。找到最适合自己的方式是你自己的事情，但是我可以给你一些建议。

价格

价格是许多企业所使用的一个手段，但是使用低于竞争对手的价格并不是我的最佳建议。如果你被认为是低价或者打折建造商的话，你将很难上升到更高价格住宅的建造商之中。但是获得既具有价格意识又能够保证质量的建造商的声誉是另外一件事。顾客都想用自己的钱来换取具有良好价值的产品，但是有些人仅仅视折扣商品为残次品。

专家提示

要强调为了后代而建造可持续性住宅的重要性。绝大多数的父母购买住宅都会考虑到他们孩子的未来。如果你为新的成长型的家庭建造住宅的话，应该让住宅更加的有机并且适宜儿童的使用。有无数的方式能彰显绿色建筑的益处，以带给你决定性的优势。

为了创造一个以价值为基础的建造商的荣誉，你要把你的每一栋住宅都做得不同，使你脱颖而出的方法就是指出绿色住宅或办公楼的有益之处。你可以建造双层的殖民风格的住宅与竞争对手竞争，但是你应当在建筑方案中设计一些细微的差别，你的目标是使你的客户在苹果与橘子之间，而不是一堆苹果之中做出选择。运用这种方式，你的住宅看上去就不会是你竞争对手的廉价翻版了。如果与对手竞争的住宅中也像其他殖民风格住宅一样有洗衣间，你可以考虑将它放置在地下室或者盥洗室中，以节省附属用房的花费。这样做既省掉了这部分的花费，又能够在地下室或者盥洗室中的洗衣空间中容纳洗衣机和烘干机。这种设计的改变可能会影响到住宅室内的外观，但是这确实是一种降低造价且不被认为是打折的方法，如果你决定价格中也包括洗衣机与烘干机，那么看上去就会是“附加的”价值了。

要强调为了后代而建造可持续性住宅的重要性。绝大多数的父母购买住宅都会考虑到他们孩子的未来。如果你为新的成长型家庭建造住宅的话，应该让住宅更加有机并且适宜儿童的使用。有无数的方式能彰显绿色建筑的益处，以带给你决定性的优势。

识别客户群

在你选择设计图纸之前，首先要确定你的客户群。你会与首次置业者还是富裕客户打交道？在首次置业者那里只能赚到很少的钱，但是这些入门级的住宅正是你开展事业的好地方。这其中有几点原因。首次置业者常常不在乎是否是大型承包商，这就为你打开了市场。第二，当做决定购买住宅后，首次置业者大都不是很挑剔，拥有自己的住宅会使首次置业者很激动，也比较容易愉悦，因为他们对于想要寻求的住宅没有预先形成的想法。另一个大的优点就是首次置业者没有抵押的房子出售，这会使得他们不用出售其他财产，而你能很快销售掉住宅。

二次置业的客户常常需要偿清了现有的住宅后才能做出购买决定。由于已经拥有了一栋住宅，这些客户常常比首次置业者更加挑剔；他们可能会寻求一些他们旧住宅中没有但新住宅中必须具备的特色。多次置业客户的住宅购买价格通常要高于首次置业者，但是首次置业的量较大，资金周转也快，这可以弥补其低价的劣势。

> 专家提示：
>
> 二次置业的客户常常需要偿清了现有的住宅后才能做出购买决定。由于已经拥有了一栋住宅，这些客户常常比首次置业者更加挑剔；他们可能会找一些他们旧住宅中没有但新住宅中必须具备的特色。多次置业客户的住宅购买价格通常要高于首次置业者，但是首次置业的量较大，资金周转也快，这可以弥补其低价的劣势。

我不可能告诉你什么是你的最佳选择，但是我能告诉你的是，为了迎合首次置业者，我扮演了建造商与经纪人的双重角色，并且我做得相当好。如果我是你，我会花费大部分的精力来关注首次置业者。

金融业务

金融业务项目可以成为你的优势之一，并非是要你自己提供贷款业务；如果你与多个贷方建立了良好的关系，而且能够为适用于你所修建的房子的一些金融业务计划做广告，将会受到客户的欢迎。金融业务常常是一个住宅项目的关键，你的竞争对手可能也联系着同样的贷方，但是如果你能让人们知道有有利可图的项目，你就会赢得这笔生意。

合　作

利用商业合作向公众提供一套快速易行的方案是成功的途径，住宅购买者常常很激动但是很天真。大多数的购买者都受到广告的影响，几乎所有人都会从一个有耐心的有知识的建造商那里听取一个真诚的介绍。你不需要成为当地最大的建造商来获得市场份额。但是，你应当专业、持久并且拥有诚信的声誉。

> 专家提示：
>
> 利用商业合作向公众提供一套快速易行的方案是成功的途径。住宅购买者常常很激动但是很天真。大多数的购买者都受到广告的影响，几乎所有人都会从一个有耐心的有知识的建造商那里听取一个真诚的介绍。你不需要成为当地最大的建造商来获得市场份额。但是，你应当专业、持久并且拥有诚信的声誉。

为潜在住房建造商提供的多种选择需要用好几章才能列全。我举一个例子，就是如何能够用最小的风险将你的建筑事业变成现实，你可以把这个事例作为其他相似类型的模板。

假定你已经完成了准备工作，决定为首次置

业者利用未完工的楼梯空间和小的牧场风格的住宅建造一个“科德角”住宅，你会与模式化住宅以及当地成熟的建造商相竞争。你可以花钱在电视台做个小广告，也可以在当地报纸上刊登广告，还可以直接邮寄广告，或者综合以上几种方式。既然你已经选定了住宅风格，并且计算好了建筑费用，那么，是时候向竞争对手发起攻击了。

> 专家提示
>
> 假定你已经完成了准备工作，决定为首次置业者利用未完工的楼梯空间和小的牧场风格的住宅建造一个“科德角”住宅，你会与模式化住宅以及当地成熟的建造商相竞争。你可以花钱在电视台做个小广告，也可以在当地报纸上刊登广告，还可以直接邮寄广告，或者综合以上几种方式。

比如说，你已经决定在当地报纸和电视台做广告，一旦你有了一些知名度，就可以使用直接邮寄的战略了。企业的邮寄列表的组成取决于地理区位、经济水平、家庭规模、租房者、房主等。你决定要使用的邮寄列表应当包括居住在出租住宅中的人和有足够的收入能够负担你所建造的住宅的人。

假定你已经决定在为首次置业者设计的产品中强调某些重点作为你新公司的形式与主题，你可以将你认为的所有的功能及优势都列在广告中，例如：贷款便捷，住宅设计方案适合年轻家庭；将强调可持续性、保证质量地建造以及有效利用能源作为你经商的基石；灵活与自由的设计是你的主要卖点；你能够保证快速地建造住宅，从清理树木和开挖基坑到让你的客户搬入新居少于90天；提供一份十年的住宅保单，并且让主要的建筑协会作担保。自始至终，你都要让客户感到便捷及愉悦，这是你的座右铭也是你的目标。

当你开始做广告之后，你会对那些反应感到惊讶。他们本来可以给早已成立的专业化公司打电话，但是为什么这么多人打电话给你——这个城市的新建造商？他们之所以这样做，是因为你看到了需求，弥补了它，并且使公众认识到了你所做的事情。我已经一次又一次地完成了这类事情。

由于持续获利，以及虽然没有积极地寻找新商机，却利用口耳相传的推荐获得生意，那些成熟的建造商可能会变得扬扬得意。当首次置业者开始接洽一些建造商与房地产经纪人的时候，他们并没有被看成是潜在的有价值的客户；我在无数场合都听购房者抱怨过这个问题。这些首次置业者感觉好像建造商与经纪人并不想做他们的生意，而这一购房群体正是你要接近的首要目标。当你很愿意与他们平等地交谈，并且愿意对新住宅提出建议的时候，购房者会簇拥在你的周围，并且会向他们的朋友说你很容易沟通。

市场测试

当你做好准备进入建筑业时，你会尝试发展潜在的市场。如果赚钱不是目的（周围这种建造商非常罕见），你可以通过在报纸和杂志上做广告来做市场测试。做足研究才是关键。与有竞争力的建造商、房地产经纪人以及资产评估师进行交流，是一个能快速获得内部信息的方法。参观附近正在兴建的居住区，将会带给你关于住宅销售、样式与价格的思考。阅读激励人的销售类书籍，也是了解销售什么以及售价多少的一个有效方式。计算机类书籍也会让人们知道一栋住宅需要多长时间能够销售出去。

你将不得不在建筑业界开拓自己的市场，这有许多的方式，我们将在随后的几章中进行讨论。我的客户就是首次置业者，而一些建造商专注于做豪宅，每栋豪宅的利润是我的四倍，但是我有量的优势。对我适用的不一定适用你，但是我确实认为，在这一章中我的计划可以作为你的良好开端。随着我们讨论的深入，你会更加了解如何确定你的未来。

第三章　成为建造商要避免的20个失误

几年中，我建造了许多住宅，并且了解了很多建造商。作为一名建造商顾问，我接触过各种各样的问题。就我自身而言，遇到过很多难题，并且在我做顾问期间，我见过别人的失误，但这些失误我从没犯过。拥有建造商以及咨询顾问的双重经验使我在建造商业界受到极大的尊敬。毫无疑问，一个小失误也会导致建造商退出商界，有人曾经说过，聪明的人从自己的经验中学习，但是有智慧的人从别人的经验中学习，因此，更希望你从他人的错误中学习。

建造商刚刚进入市场的时候很有可能出现失误，且有可能是致命的财务问题。即使有经验的建造商也常常会落入陷阱，我不能肯定这对于新手来说是否是存在的最大风险。当人们开始做新的事情的时候，每一步都会走得很小心；一旦你认为事情尽在你的掌握之中，往往就会放松警惕，这就是经常出现失误的地方。因此，即使你已经建了15年的住宅，仍要多加小心。

人人都会犯错误。我的母亲曾经告诫我，第一次做错事情，那是一个经验教训，如果同样的事情做错两次，那就是错误。这是有道理的，但不幸的是商人某些时候必须要一次就做对，对于存在巨额资金风险的住宅建筑行业来说尤其如此。

住宅正在修建的时候，资金问题非常重要，并且多数人都希望在意外发生后得到合理的退款。记得有一次我贷款了400万美元。如果那时发生一些不幸的事情，我将只有一条路可以走，那就是打工还贷。

承包商有过很多的失误，并且大多数都是可以避免的。当我们面对错误的时候，经验往往是唯一的盾牌。如何才能在艰难的商业中长久生存下来以获得你所需要的经验呢？这是一个难题。

通过阅读这本书，你已经在正确的方向上迈出了重要的一步。通过了解我的经验与错误，你就会做好准备以避免自己的失误。作为一名建造商，能够及时看到错误的信号，并且在陷入太深之前加以改正是头等重要的事情。希望你能从本书以及其他资源中获取足够的知识，帮助你通向事业巅峰。

我仔细思考了我所能回忆起来的所有错误，包括我自己的和其他人的，这个列表非常长。然而，这其中的许多问题都不至于击垮你的事业。因此我要与你分享我所知道的 20 个关键性的失误。如果你领悟到了我们将要讨论的主旨，你就会知道自己应该如何避免建造商经常犯的错误。

需要更多的资金

你需要拥有比你想的更多的资金才能成为全职建造商，这就是建造商经常犯的最重要的错误之一。如果你坐下来好好算一下你每一步的花费，这个数字是可以控制的。开一家建筑公司所需的现金并不是很多。隐性的资金需求才是使你在开业之前就关门的主要因素。

> 专家提示
>
> 你需要拥有比你想的更多的资金才能成为全职建造商，这就是建造商经常犯的最重要的错误之一。如果你坐下来好好算一下你每一步的花费，这个数字是可以控制的。开一家建筑公司所需的现金并不是很多。隐性的资金需求才是使你在开业之前就关门的主要因素。

许多人要么是不知道要么是没有考虑到，当公司开始运营的时候会需要很多的资金。例如，在你已经辞职并且等待提取你的第一笔业务收入的时候，你还是要自己支付所有的账单。你不再每周都有稳定的收入。如果你没有足够的存款来支持几个月的话，作为个体建造商的寿命会非常短。收入并不是唯一的问题，如果你有一份雇主提供的健康保险收益的话，你就不用在新业务中考虑保险的因素。当你认识到每个月都会需要许多额外资金来支付商业保险费之后，你就必须要考虑这个因素。

为什么许多公司都没有等到周年庆典就倒闭？最主要的原因之一就是在展开业务之前没有准备充分。在你与原先的雇主切断所有关系之前，要花时间规划好你自己事业的方方面面。

避免过多一般性开支

每一个商人都应当努力地避免过多的一般性开支。大多数建造商都懂得过高的一般性开支是很危险的，但是许多人还是没有注意。如果你租了豪华办公室、购买了新卡车、淘汰了重型的复印机，并且用信用卡购买了并不需要的东西，你就会发现自己已经跟金钱绑在了一起。要终止长期租赁和分期付款的债务是非常困难和昂贵的。如果不能有效降低和控制你的一般性开支，你就会破产。

拥有自己的事业容易使人陷入兴奋之中。兴奋之一就是购买想要的东西，但是你必须理性地购物与消费，例如一名全职的助理可能并不是你目前所需要的。在你赚到钱之前，可能有许多种浪费钱的方式，要多加小心，不要把自己套在财务框框里而无法自拔。

专家提示

每一个商人都应当努力地避免过多的一般性开支。大多数建筑商都懂得过高的一般性开支是很危险的，但是许多人还是没有注意。如果你租了豪华办公室、购买了新卡车、淘汰了重型的复印机，并且用信用卡购买了并不需要的东西，你就会发现自己已经跟金钱绑在了一起。

谨慎过度

有一种错误是过于谨慎。如果你是一个守财奴，可能你就不适于成为一名企业家。要做新的业务，就存在冒险以及金钱的支出。我知道我刚刚告诉你要小心行事，但不是要让恐惧束缚着你。

我曾经见到过一些承包商，开始开展业务却拒绝花钱做广告。不可想象的是，如果没有人知道他们在开展业务，那么他们怎样才能揽到生意呢？不考虑后果的存钱会伤害到他人和自己，我的个人经验与失误使我对此有了清晰的认识。我曾经取消了在电话簿上的昂贵广告，虽然我不再需要支付广告费用，但是我的生意也会戏剧性地结束。在这中间失去的钱要比存下来的钱多得多。因此，要平衡你的收支以期达到最好的结果。

认真选择分包商

尽管你的分包商是一个独立的承包商，但是他们与你的企业形象有很大的关系。分包商粗糙的做工也会影响到你，请记住，你是总承包商，而且要对工地上所发生的所有事情负责任。如果分包商对客户蛮横无理，那也是你的事情。许多的建造商都愿意和报价最低的分包商合作，这就是一个重要的错误，价格并不是选择分包商的唯一因素。在与分包商合作之前，要对他们进行严格筛选。作为建造商，只要别人说几句你的坏

专家提示

尽管你的分包商是一个独立的承包商，但是他们与你的企业形象有很大的关系。分包商粗糙的做工也会影响到你，请记住，你是总承包商，而且要对工地上所发生的任何事情负责任。如果分包商对客户蛮横无理，那也是你的事情。

话，客户就不会选择你。

建立诚信度

在你用到银行之前，要首先建立诚信度。人们常常是等到需要钱的时候才去贷款。这是向银行贷款的最差时机。我与银行家打交道的经验表明，当你不需要钱的时候比需要钱的时候更容易获得贷款审批。

多数的建造商都会时不时地陷入流动资金紧缺局面。让已建立的最高信用额度在你的下一笔资金入账之前帮你渡过难关，这对你的业务和信用记录都会产生巨大的影响。如果你推迟两个月付给供应商资金，也许以后供应商就不会与你合作了。有时，住宅不会按照计划完工，建造商的资金状况会使其推迟几周甚至几个月。如果你在储备金账户中设有足够多的资金，那么使用良好的信用度来解决问题将会节省很多时间。

> 专家提示
>
> 在你用到银行之前，首先要建立诚信度。人们常常都是等到需要钱的时候才去贷款。这是向银行贷款的最差时机。从我与银行家打交道的经验表明，当你不需要钱的时候比需要钱的时候更容易获得贷款审批。

立字为据

当你在经商的时候，最好把所有的细节都记录下来。对于一名建造商而言，与客户以及分包商订立合同尤其重要。作为一名建造商，你将与许多合同打交道——你想为什么大家叫我们承包商呢？当你开始建造住宅之前，你一定要订一份承诺书，表明银行已将贷款核准给你的客户。只要客户签订合同，一些建造商就可以开始工作。你也可以这样做，但是风险较大。如果你的客户拒绝贷款，那么你会损失掉已经付出的工作和供应的建筑材料。我不想这样说，但是不要将客户说的贷款已经审核通过的话当真。我从不认为一个没有发出承诺书的贷款人会获得贷款审批，你应当在工作文件中附加一份承诺书的

> 专家提示
>
> 当你在经商的时候，最好把所有的细节都记录下来。对于一名建造商而言，与客户以及分包商订立合同尤其重要。作为一名建造商，你将与许多合同打交道——你想为什么大家叫我们承包商呢？当你开始建造住宅之前，你一定要订立一份承诺书，表明银行已将贷款核准给你的客户。

复印件。即使你只是做施工管理的工作，你也应当要求客户签署一份承诺书。

远离可变材料价格

当与你的分包商合作的时候，不要选择可变材料价格（T－&－M）（根据时间的不同支付不同的材料价钱）的方式工作；这就像是给他们一本空白支票簿。采用可变材料价格的方式有可能会省钱，但是你也可能损失很多钱。省钱是一个很强的诱惑，但是，你的这种省钱意识会导致相反的结果，并且会花掉更多的钱。

两年前，我为客户建造一栋住宅，利用可变材料价格的方式使用了一个当地的承包商。这个承包商是我的一名木匠向我推荐的。和他会面以后，我发现他只想自己赚钱，而且不能确定是否能给我一个实在的价格。根据我的经验，我同意以时间—材料方式为基础，我希望通过这种方式节省资金，同时也帮助那个人。事与愿违，我从其他承包商那里得到了报价，那个人给我的时间—材料方式的价格比任何一个报价都要高。一次付清的价格有时是有些贵，但总是安全的。

核查分区法则

在你砍倒第一棵树或者挖第一个坑之前，一定要核查一下当地的区域规划，因为我知道很多时候经验丰富的建造商都会由于规划问题产生麻烦。弗吉尼亚州的一栋商业建筑由于压了退线而不得不移动；缅因州的一个当地建造商最近建造了一栋住宅，而住宅的一部分基础却建在了别人的土地上；曾经在我这里工作的一个木匠，后来自己单干，把一个井建在了建筑地基的位置，而这样如果没有得到邻居的使用权就不能安装化粪池系统了。这样的事例我还可以举很多。

> 专家提示
>
> 区域规划很容易就能查到。如果你到当地的规划执行机构或办公室，你就能找到你想知道的确切的退红线、基础以及其他限制性条件。如果把住宅建在了限制性或禁建区域，你就很有可能收到一份针对你的法律诉讼，而这些是可以通过一些简单的调查工作来避免的。

区域规划很容易就能查到。如果你到当地的规划执行机构办公室，你就能找到你想知道的确切的退红线、基础以及其他限制性条件。如果把住宅建在了限制性或禁建区域，你就很有可能收到一份针对你的法律诉讼，而这些是可以通过一些简单的调查工作来避免的。

核查契约与限制

许多小块土地都有规划规定（具有约束力的协议）与限制以保证完整的开发。购买了一块土地想建造住宅的客户可能并不知道这些规划限制的存在，而一些建造商购买了土地却没有询问过规划限制。一些普通限制包括：最小建筑面积，某些类型的护墙板以及屋顶的使用限制，甚至包括要求所建住宅的风格或种类。不要在建完住宅后才发现你所用的护墙板需要除掉并替换。甚至更重要的是，不要在建好了一栋牧场风格的住宅以后才发现这块地只允许建造两层的住宅。这是有可能发生的。

> 专家提示
>
> 许多小块土地都有规划规定（具有约束力的协议）与限制以保证完整的开发。购买了一块土地想建造住宅的客户可能并不知道这些规划限制的存在，而一些建造商购买了土地却没有询问过规划限制。一些普通限制包括：最小建筑面积，某些类型的护墙板以及屋顶的使用限制，甚至包括要求所建住宅的风格或种类。

通过阅读土地契约的复印件，你可以自己核查规划规定与限制。如果你正在洽购一块土地，在签署最终的购买合同之前让你的代理人核查一下土地禁令。当客户带着已经属于他或她的一块土地找到你的时候，一定要求查看一下契约的复印件。学会保护自己，没有人会为你做这些。

确保有足够的保险

某些州要求建造商要有一个最小额度的保险，另一些州则不要求。你应当搞清楚当地的法律是否要求有保险，至少你需要有责任保险。有可能需要许多其他种类的保险，例如工人补偿险。去咨询你的保险代理机构，并弄清你确切需要何种类型的保险。

如果你如我所知的一些建造商一样，没有合适的保险以及整体补偿险而建造住宅的话，那么你就像坐在一颗定时炸弹上一样。一个法律诉讼就会毁掉你的一生，你会失去你的生意、你的家庭以及你的未来。也许保险费看上去是一个不必要的花费，但是如果你一旦需要获得保险赔偿，你就会感谢它的存在。

不给不准确的报价

不准确的报价会使你一无所获。大部分的建造商建造住宅都要一次付款或支付定额费用。如果报价过低，你会很亏。而你可能不会因出价太低使得自己赔钱，但很有可能由于你报价中的错误导致利润率的降低。

建筑常常是一个具有周期性的行业。有可能你几个月都没有工作，而突然又会有洪水般的报价要求。这是个危险的状况。你一直坐着没事干，想着如何支付账单，当你最终有机会获得报价工作的时候，你也许会报低价来确保获得它。这已经够倒霉了，但是情况还会变得更差。当报价要求堆满你的办公桌时，你可能会急于通过这些来弥补失去的时间。在遇到这些状况时你会失去理智以致造成损失。

如果在起步或进行阶段犯了错误，在住宅将近完工之前你是不会发现的。到那时，除了赔钱，做任何事情都无济于事。包括我自己在内的大部分建造商，都曾因在报价的工作上出错而赔钱，并且经历了痛苦之后才获得了经验。你应该慢慢来以确保正确的估价。对你所做的每一件事都检查两遍。如果有人帮你复查报价，例如你的工地监督员，那么就让他来做复查，初看者常常能捕捉遗漏。一旦你在合同中承诺了价格，你就要付诸实践。

> 专家提示
>
> 你应该慢慢来以确保正确的估价。对你所做的每一件事都检查两遍。如果有人帮你复查报价，例如你的工地监督员，那么就让他来做复查，初看者常常能捕捉遗漏。一旦你在合同中承诺了价格，你就要付诸实践。

经常检查工作

经常检查你的工作。一些建造商不愿意到工地检查进度以及工程质量。他们也许是太忙不愿跑去见客户，也许只是因为太懒。你要经常到工地去。我至少每天都对每项工作检查一次。当我做大量建筑的时候，我有两名全职的监督员负责每天检查两次工作。

一天之中有可能会发生很多事情，如果你

> 专家提示
>
> 作为一名总承包商，你应当尽量掌控你的所有工作。有失于检查工作将导致不良的质量控制。当这种状况发生的时候，一名建造商的声誉就被毁掉了。如果你在建筑商界有一个不好的声誉，也许你只能找其他的工作做了。

错过了一次检查，你的客户也许会比你更了解房屋的状况。让顾客到办公室抱怨你没有注意到的问题，是一件令人很尴尬的事情。作为一名总承包商，你应当尽量掌控你的所有工作。忽视检查工作将导致不良的质量控制。当这种状况发生的时候，一名建造商的声誉就被毁掉了。如果你在建造商界有一个不好的声誉，也许你只能找其他的工作做了。

维持客户关系

客户关系是建造商界的关键部分。对于置业者来说，建造一栋住宅是一个情感化的经验，有时他或她也许会变得很无理。你必须要很耐心地与客户交谈，有可能需要一次一次地让他们平静下来。如果你对客户不耐心的话就不会得到生意，尽管这单生意是你梦寐以求的，同时也是大多数建造商所争取的，所以让你的客户高兴是必需的。

运用含变更条款的合同

如果客户要求增加服务或改变合同中的条款，运用含变更条款的合同来证明客户提出改变或增加服务的要求。否则，你就会在一些昂贵的条款面前失去主动权。客户要求将普通的浴缸升级到惠而浦牌的浴缸，一栋住宅会增加数千美元的投入。如果你没有授权将这个改变写入合同中，你就可能不会被支付管道合同所增加的花费。

> 专家提示
>
> 如果客户要求增加服务或改变合同中的条款，运用含变更条款的合同来证明客户提出改变或增加服务的要求。否则，你就会在一些昂贵的条款面前失去主动权。客户要求将普通的浴缸升级到惠而浦牌的浴缸，一栋住宅会增加数千美元的资金。如果你没有授权将这个改变写入合同中，你就可能不会被支付管道合同所增加的花费。

我记得我所建造的独栋住宅中，几乎所有业主都要求做一些改变或者增加一些原始合同中没有的东西。在我刚开始从事建筑行业的那些年中，我会答应一个口头授权的改变，但现在不会了。很多次我按照要求去做了但是没有收到钱。当你签署了授权文件之后，很难收回额外的钱，并且如果没有任何形式的证明，就几乎不可能得到任何资金的支付。许多的建造商都由于没有将他们的协议写在合同中而亏了很多钱。不要让你自己成为赔钱建造商的书中的统计数据。

注意合伙人与家人

要非常注意与合伙人及家人的工作关系。我曾几次与人合伙做生意，但是大多数的投资合作都不欢而散。有一些人与合作伙伴合作得很好，但是据我所知许多建筑合伙关系都至多维持几年的时间。

当与朋友和家庭成员一起工作的时候，他们就为我升起了一面“红旗”。不但要承担你作为建造商的一般风险，如果事业出现了一些失误，如何让你的朋友和家人都与你保持良好的关系也会增加你的压力。你需要处理这些问题的任何时候，都要保证你对公司的充分控制。

交　税

很多承包商的失败在于没有交税。在新的工作出现之前拖欠税款是很诱人的，但这却不是什么好主意。所欠的税款不会消失，这点对工资税和所得税都适用。你需要聘用一名优秀的注册会计师，并且在交税时按规矩办事。

与律师建立关系

在你刚开始业务时就要与一名优秀的律师建立关系。当然不雇用律师可以省略一些程序并且减少开支，但是这是一个糟糕的决定。在开展业务的时候，你需要法律方面的建议。我知道有许多的建造商，一开始节省下了律师费，到最后却花费了巨额的法律费用。

警惕通用形式的文件。许多建造商都是用标准形式的文件，我亲眼在法庭上看到，通用形式被认为是合法的，但不能强制执行。这些特殊事例的最终结果都是承包商的损失。所以现在就花钱聘用律师来起草合适你事业的文件。

> 专家提示
>
> 在你刚开始业务时就要与一名优秀的律师建立关系。当然不雇用律师可以省略一些程序并且减少开支，但是这是一个糟糕的决定。在开展业务的时候，你需要法律方面的建议。我知道有许多的建造商，一开始节省下了律师费，到最后却花费了巨额的法律费用。

加入行业协会

加入一些协会并积极参与其中。可持续建筑拥有巨大的增长空间。我们会在与其他专业人士的交谈中不断学习，并获益匪浅。我只跟有实力的建筑师和可持续性建造商交谈。也许他建造了数百栋住宅，但是他刚刚进入可持续性建筑这方面，他的知识同样来源于自己的研究、行业协会以及供应商。将所了解的知识融合与交融就能获得当前最主要的趋势。

避免捷径

避免捷径，在这方面许多人做得并不好。有创造性与足智多谋是一回事，但是通过减少程序节省金钱和时间是另外一回事。除非你愿意履行你的责任，否则不要投机取巧。

永远不要太安逸

对于生意你永远不要过得太安逸。那些认为自己无所不知的建造商很快就会发现事情并不是很容易。如果你放松了，竞争者们会乘机利用你不努力这一点，所以为了享受多年持续的成功，你不能停止发展你的事业。一些事业，例如房地产经纪公司，需要维持持续的学习。你可能不属于此类，但是你要经常扩充知识，并且要理解你的生活是什么。如果你停止了学习，你就会看到利润的下滑。至少，你不会看到你事业的任何增长。无论你已经做建造商多长时间了，总有新事物需要学习。

第四章　在合适的地点匹配绿色工程

对于住宅建造商来说，找到一块最好的地块是获得成功的首要因素。如果你不能找到符合客户需求的地块，就算有很多愿意购房的客户在你办公室门外排队，他们也不会在你这里花一分钱。也许你会认为找到一块地块没什么问题，但是这确实是一个令人头疼的问题。假如你正在郊区与一名需要在便宜土地上建造房子的首次置业者打交道的话，那么这一点更让你头痛。

作为一名建造商，我在许多不同类型的市场上做过。我在一个大城市附近起家。对进行大宗购买的建造商来说，那里的土地是可以随时供应的，但是小块地块（通过细分的个别地段）却很难碰上，而且非常的昂贵。

当我将生意搬到不太受欢迎地区的时候，那里的土地各种大小、形状和价格都有。找到一个适于多种类型购买者的地块就很容易。即使我搬到缅因州，我也会面临寻找适合的建房地块的困难。在缅因州有充足的土地，但是大多都是很大块的土地，并且很多土地不是太大就是太小，都有巨额的标价。

我回想起有段时间我的广告做得非常好，其中一周有63个意向者回应我的广告，所有的人都是首次置业者。对我来说建造他们能够承受的价格的住宅不是个问题，但是我只能在能承担建房的价格区间中找到两块土地。看着61个失望的意向者离开我的办公室深深地刺痛了我。并不是所有的人都买得起房子，并且我确信他们中的大多数只是对置业很感兴趣，但是毫无疑问，缺乏土地让我损失了很多钱。

并非所有土地都同等

并不是所有的建筑用地都是同等的。有一些地块很明显要优于其他的地块。在缅因州，购房者都喜欢有一个完整的地下室。大多数的房子都建有完整的隐蔽的地下室，但是并不是所有的建筑用地都适合建地下室。我所在的地区大部分都是基岩土地，缅因人称为岩层，在这种布满岩层的地块上要建造地下室需要爆破，这会大大提高成本。如果一个没有经验的建造商给客户的价格包括建造地下室的住宅，然后在地面下几米的深度又发现了岩层的话，他就会陷入困境。

缅因州遍布岩层，弗吉尼亚州则有许多淤泥土质以及其他危害建筑的土质地块。我确信，对于建造商来说，在我们国家的其他地方也都有他们自己的特殊类型的障碍。购买一块土地，其中牵扯着隐形花费，它们将抵消掉你的利润，所以你一定要对所找的土地有一定的了解，并且要深思熟虑。

并非所有的危害都是自然因素，一些是直接与人有关系的。例如，有可能你购买了一块目前看上去很不错的土地，建造投资住宅到一半的时候，发现不远处正在修建一座机场，将来飞机会每天从你的新房子上空飞过。类似这样的一些事情将使你的财产贬值。

> 专家提示
>
> 在你购买土地之前，你需要进行一系列的核查。预测一下常规房地产需求，例如看看是否有明确的标题允许土地转让；你应当核查分区要求以及与购买房地产相关的所有方面的风险。任何一名优秀的房地产律师都会跟你分析典型的问题，但作为一名建造商，你要面对的不仅是典型的法律问题还有更多的问题。你必须要评估你所要建造住宅的土地的潜在价值。

在你购买土地之前，你需要进行一系列的核查。检查一下常规房地产必要条件，例如看看是否有明确的规定允许土地转让。你应当核查分区要求以及与购买房地产相关的所有其他方面的风险。任何一名优秀的房地产律师都会跟你分析典型的问题，但是作为一名建造商，你要面对的不仅是典型的法律问题，还有更多的问题。你必须要评估你所要建造住宅的土地的潜在价值。

当你要建造可持续性的环境友好型的住宅时，还有一些其他的障碍需要克服。你可能记得在这个城市中是何时开始谈论太阳能住宅的。地段对于绿色建筑也同样的重要。想象一下南向采光的好处：节省水电费用。作为一名绿色建造商，仔细选择地块会带来更大的成功。

> 专家提示
>
> 当你要建造可持续性的环境友好型的住宅时，还有一些其他的障碍需要克服。你可能记得在这个城市中是何时开始谈论太阳能住宅的。地段对于绿色建筑也同样的重要。想象一下南向采光的好处：节省水电费用。作为一名绿色建造商，仔细选择地块会带来更大的成功。

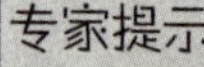

实用性线路

建造商必须首先要考虑的事情之一就是实用性线路的有效利用。这件事情并不简单，而且很重要。建筑地块被实用性问题所影响的频率如此之高令人惊讶。

水

住宅需要水。如果你在城市或者镇上建造住宅，你可能希望建筑地块临近输水管线。当沿着建筑红线有一条输水管线的时候，建造商的工作就会简单一些。你可以给合适的授权部门打电话，他们会马上告诉你将水接到你所修建的住宅中需要花费多少钱。但是会有一些隐性花费，能否避免这些花费就取决于你了。

在正常的情况下，需要从市政水管接一个分支到地块的建筑红线内 1.5m 远的地方。这条补给管道的位置应当在建筑地块的前部或后部，或者一个侧边上。大多数的输水管线都安装在道路的下方，并且假设水管临近道路铺设是合乎逻辑的，但是并不总是这样。

当一个建筑地块需要市政水管所服务的时候是要花钱的，通常需要水管接入费。水管接入费并不是建筑地块价格的一部分。它是连接城市供水系统的许可费用。一个需要记住的重要的地方就是，水管接入费不一定包括连到地块中的水管的花费。有些时候承包商会被要求用仅包括连接到市政水管的水管接入费的钱来做具体的连接工作。

> 专家提示
>
> 当一个建筑地块需要市政水管所服务的时候是要花钱的，通常需要水管接入费。水管接入费并不是建筑地块价格的一部分。它是连接城市供水系统的许可费用。一个需要记住的重要的地方就是，水管接入费不一定包括连到地块中的水管的花费。有些时候承包商会被要求用仅包括连接到市政水管的水管接入费的钱来做具体的连接工作。

每个城市的水管接入费都不尽相同。在缅因州生活的最近 8 年中，我没有建过一所直接由市政提供供水服务的住宅。我支付的最后一笔水管接入费是在弗吉尼亚，那是在 20 世纪 80 年代中期。即使在那个时候，水管接入费仍然要上千美元，你要支付的获得饮用水接入权的费用比这还要高。这个费用在某些地区会高一些而在其他地区会低一些，但它绝对是一项少不了的花费，所以你得将它考虑到成本之中。请记住，水管接入费并不意味着帮你将水管连接到地块中。很可能你得花钱让承包商给你安装水管。

如果为了接入市政水管，你需要切开路面之后还要修补好它的话，你就要准备花费大量的资金。将路面切开花费并不是很多，但是要按照城市或者州的标准修补好的话，就需要花费巨额的资金了。如果忽视了接水管到建筑地块的花费的话，建造商会损失掉绝大部分的利润。

排水管道连接

在城市中，下水管道的连接与自来水管的连接差不多。通常也需要排水管道的接入费才能连接到排水管网中。排水管道接入费与自来水管接入费差不多。在你做建筑预算的时候不要忽视这种隐性花费。

电力接入

现代化的住宅需要有电力服务。在城市工作的建造商会认为有电力服务是理所应当的。而在乡村的建造商就知道电力服务是不一定有的，而且获得电力供应的花费也很高。

你需要应对两种电力服务。普通的电力服务是必须的，另外在建造住宅的时候你也需要一个临时电力供应。获得临时电力供应会花费几百美元和数周的时间。如果你使用自己的发电机来发电，就不必安装临时电力供应设备了。一旦你所建造的住宅进入干燥状态，意味着住宅的室内需要保护起来免遭天气影响，这时你可以安装永久的电力供应设备，用它来完成建造过程。

如果你曾经在城市地区工作，有可能你不会太多考虑住宅的电力服务，你最关心的应该是电线从天空还是从地下接入。像我现在这样在郊区工作的建造商，必须要确保电力的供应以及将其接入建筑地块的费用。

最近我在建造个人住宅的时候，被要求与电力公司签署一份合同。合同中规定我必须在两年内每月支付一定的钱来抵消将电线接进来的费用。我住在离一条私人公路大概 0.8km 的地方，因此我需要支付安装电线杆以及电线到我住宅的费用。如果你没有想到公共设施的费用，这种类型的花费会偷偷地加到你身上。

> 专家提示
>
> 你需要应对两种电力服务。普通的电力服务是必须的，另外在建造住宅的时候你也需要一个临时电力供应。获得临时电力供应会花费几百美元和数周的时间。如果你使用自己的发电机来发电，就不必安装临时电力供应设备了。一旦你所建造的住宅进入干燥状态，意味着住宅的室内需要保护起来免遭天气影响，这时你可以安装永久的电力供应设备，用它来完成建造过程。

如果你或者你的客户需要花费上千美元来获得电力供应、电话服务或有线电视的话，那么一块便宜的建筑地块就不一定像你想象的那么好了。

水井

在郊区的建筑地块常常需要有独立的水井作为私人用水来源。它的好处就是不用像城市那样支付水管接入费，每个月也不会有水费账单。坏处就是水井以及水泵系统并不便宜。一个标准的水井及水泵安装需要几千美元。这种形式的花费应当被视为建筑地块花费的因素之一。

化粪池系统

和水井一样，化粪池系统在农村地区很普遍。一个简单的化粪池系统的花费不会多于 7500 美元，但是一个复杂的化粪池系统会花费至少 18000 美元。你将这项花费与排水管道费做对比，就很容易发现乡村的地块貌似不贵却是噩梦的开始。在你判断这个地产是否有价值之前，你要仔细计算与地块以及在其上面建造住宅相关的所有花费。并且不要忘记，并不是所有的土地都适合建造化粪池系统的，这是个真正的障碍。

平整土地

在场地中平整土地会影响到建造住宅的成本。一个有不同坡向的场地会比水平的场地需要更多的地基处理工作。在某些情况下，坡地需要更多的基础工程，当你下次路过一块地块想着要买下它的时候一定要记住这一点。另外，坡地又会成为你建造绿色建筑的优势所在。将住宅的一部分置于山坡上，对建筑的保温和隔热都有很大的好处。

淤泥质土层

无论是在建造过程中还是建成之后，淤泥质土层都会带给建造商很多麻烦。土质含水量大会使基础很困难安装。你必须要挖深直到找到坚实干燥的土层，如果你不得不挖深，就会增加基础与地基墙体的造价。即使在这种类型的土地上建造好了住宅，在住宅内部和底部的潮湿也会让你的客户感到苦恼，而客户又会反过来找你。因此，如果你购买了软质的土地一定要多加小心。

岩石

如果需要建造化粪池系统或者地下室，购买一块地下掩埋着岩石的土地会带来许多问题。爆破岩床是一项昂贵的支出。如果你在一个岩石过多的地区工作，用一个铁棒或者倒铲挖几个坑探测一下，在确定是否会有岩石阻碍你施工之前，不要同意修建地下室或者安装化粪池系统。如果遇到岩石，即使是安装普通的下水管道和供水系统都会很困难。三思而后行，并且，当你修建住宅的时候一定要留意，岩层可能会有辐射问题。

防洪区

购买一块位于防洪区的地块是有很大风险的。那个土地也许可以建造住宅，但是为在洪泛平原或浸水地区的房地产筹措资金非常困难。如果地产位于防洪区且需要资金的话，贷方一定会要求一份防洪保险的，这种类型的保险很昂贵。还有一点需要注意的是，购买者不会对一栋位于防洪区且可能会被洪水冲走所有财产的住宅感兴趣。我也要远离洪水的危险。

树　木

在有树木的土地上建造房屋会增加成本，如果你正好需要有树木的土地，这笔花销就省了，但是你还应当注意因此产生的额外费用。清理掉地块中的树木会使住宅价格增加数百美元。我知道有一些建造商为节省成本挑选没有树木的地块。个人来讲，我常常选择有树木的地块然后花钱清理掉它们，因为我觉得林地的环境会使房子卖得更快。

通　道

也许通往建筑场地的道路问题不像是一个令人操心的问题，但实际上还是很麻烦。假设你购买了一块地，同时配有一条 7.5m 道路的通行权，这是一个低价的好交易吗？我并不这么认为。大多数的贷款机构都要求拥有至少 1.5m 宽的道路的通行权。购买了一块有窄通道的地块意味着你或你的客户无法获得常规资金进行建设。从技术上讲，场地并不是不能进入，但它可能无法获得资金。

维护协议

在大多数地区，道路维护协议并不常见。如果建筑场地沿着一条私人公路分布，对于土地开

> 专家提示
>
> 在大多数地区，道路维护协议并不常见。如果建筑场地沿着一条私人公路分布，对于土地开发商来说，通常需要一份道路维护协议。这些协议基本上都表述了每一个物业负有着对道路的维修与保养同等的义务。你在寻找土地的时候，可能并不常遇到这种情况，但是维持一条道路的花费有可能很高。

发商来说，通常需要一份道路维护协议。这些协议基本上都表述了每一个物业负有对道路维修与保养同等的义务。你在寻找土地的时候，可能并不常遇到这种情况，但是维持一条道路的花费有可能很高。仅仅是在下雪之后清理路面就花费了我 100 美元。添加石层非常昂贵，而且铺路的费用可以说是天文数字。因此，一些道路维护协议会让你望而却步，去其他地方寻找土地。

费用与分摊

一些住宅发展具有结构性计划，业主必须缴纳保养费和娱乐设施费用，这在发展计划中并不少见。业主的费用会逐年上升，作为建筑要求的一部分也许会影响到你出售投资住宅的机会。有许多人愿意承担资金义务，以换取良好的道路、操场、公园、游泳池以及类似的便利设施，但是你至少应当注意到，与物业拥有者相关的花费会使你失去一些销售机会。

限　制

许多地块都被控制规划要求和限制所控制，这是你的律师在评价控制规划要求以及标示土地时需要寻找的。作为一名建造商，你要询问地块上有什么限制。例如，许多地块都要求所修建的住宅必须包含一个最小的生活空间，有可能是 1500 平方英尺（$139.45m^2$），1800 平方英尺（$167.23m^2$），或者更多。如果你打算建造一栋牧场风格的住宅，你得了解这个地块是否不允许建造单层住宅，这些限制都很具体。

> 专家提示
>
> 许多地块都被控制规划要求和限制所控制，这是你的律师在评价控制规划要求以及标示土地时需要寻找的。作为一名建造商，你要询问地块上有什么限制。例如，许多地块都要求所修建的住宅必须包含一个最小的生活空间。

我曾经在规定了屋顶颜色和形式的地块上建造过住宅，壁板的颜色和形式也是如此。甚至在一些特殊的限制中还规定了住宅基础的材料。这样做是为了维持一块土地的质量，但这对一个毫无戒心的建造商来说是一个打击。在你购买一个建筑用地之前，一定要确保没有关于你计划要修建的住宅类型的限制。

百里挑一

当你在寻找建筑场地的时候，做到百里挑一需要做很多的工作。如何去寻找地块将取决于你是什么类型的建造商。规模大的建造商通常与土地开发商进行交易，来获得对大宗地块分级开发时间表的控制。一些建造商购买原生地来开发自己的建筑地块。适当地运作之后，这会是一个富有利润的投资，但是这样也可能会破坏好的公司结构。

如果你只想每年建造几栋住宅，你最好用一种更加传统的方式来寻找土地。在当地报纸上刊登广告会是一个很好的开始，与房地产专家交流也可以获得一些良好的地块征购建议。

作为一名普通建造商，从报纸上的广告或者在不同地点看到的标识中购买地块是做生意的一个常见方式，但是这并不是寻找并确定理想建筑地块的最好方式。有时候你要寻找与发掘那些没有刊登广告的出售土地。实际上，当你决定购买的时候，你所看过的那些并不一定会出售。接下来让我们在这方面展开讨论。

未广告的特价地块

一些建造商很高兴找到未广告的特价地块。如果你尝试着成为这些建造商之一，你就会享受到好的地块、合适的价格以及很少的竞争。当一个建筑地块在报纸上做广告或者置于上市服务中时，对这个地块的需求量会很大。出售者会在最高价格的时候才出手，并且他们不愿意商谈出售价格或者如果你能找到可以购买但并没有公开出售的，或者是在市场上很少公开的地块，这对你会很有利。

土地开发商常常会把一部分地块保留，不在主要的地块销售工作中进行销售。这些地块就成了剩余土地，但是它们对小规模的建造商来说是很有价值的。我在许多剩余土地上建过住宅，除了一个例外，我的生意一直都做得很好。有一个土地我没有做好，因为我没有考虑到地下水的问题，而这增加了我的建造费用也吃掉了我的利润。

寻找剩余地块很容易。开车到周围看一些已经建成的区域，把没有建筑的地段都记录下来，确定它的地址和法律说明，然后到市政府查询到它的所有者。如果在一个成熟的区域有空地的话，对你来说就是一个好机会，你可以出个合适价钱买到它们，尤其是当这些土地仍然为开发商所有的情况。

> 专家提示
>
> 寻找剩余地块很容易。开车到周围看一些已经建成的区域，把没有建筑的地块都记录下来，确定它的地址和法律说明，然后到市政府查询到它的所有者。如果在一个成熟的区域有空地的话，对你来说就是一个好机会，你可以出个好价钱买到它们，尤其是当这些土地仍然为开发商所有的情况。

到当地的税务局和法院查看公共记录，你可以看到谁拥有什么，以及他们在购买时用什么来支付的。一个小小的侦探工作会得到地址和电话号码。一旦你知道了如何联系，你可以很容易地打电话或写信给拥有者，并且让他们知道你对他们的土地感兴趣。这样你的工作就开动了，最差的结果是你没有收到回复或者被告知那些土地是不出售的。最好的结果就是你用便宜的价格购买到了优质地块。

专家提示

许多时候，被问及的人们会卖掉土地，但是他们不想浪费精力来寻找购买者。开发商有时在出售那些看上去不像能售出去的土地时会失去兴趣，所以他们会停止做广告，同时上马新的项目。在这两种情况下，出售者愿意与你在打折条款下进行交易。

许多时候，被问及的人们会卖掉土地，但是他们不想浪费精力来寻找购买者。开发商有时在出售那些看上去不像能售出去的土地时会失去兴趣，所以他们会停止做广告，同时上马新的项目。在这两种情况下，出售者愿意与你在打折条款下进行交易。当谈到条款的时候，你可以提出一些有吸引力的购买条件，因为卖方并不急于出售，这样可以缓解你的资金压力，并且仍能让你灵活地控制要建造的地块。

小型出版物

小型出版物常常允许人们为其出售的物品刊登免费或近乎免费的广告，在我所居住过的州都有这种形式的出版物。一些房地产经纪人在这些出版物以及小册子上刊登广告，但是大多数的经纪人都会将时间和金钱花费在有很大流通量的更加积极的市场上。在这些小型的买卖出版物上的交易常常会很不错，但是真正难得的好机会只是偶尔才会出现。我曾在这种出版物中的广告上购买了建造自己住宅的土地，并且从中也获得了很多生意。

许多建造商都看当地的报纸并且与作为多重上市服务成员的房地产经纪人进行交易。一些建造商会深入下去，但是大部分都不会。通过看一些没有名气的出版物，你偶然会发现一些很好的机会，但是不要妄想会很快发现，也许需要几个月的时间。如果你潜心研究，一些有价值的交易最终会显现出来，对我来说总是这样的。

经纪人

如果你与一些出色的经纪人有良好的关系，你就会享受到一些传奇般的土地交易。许多建造商都会因为种种原因而远离经纪人。我既是一名建造商也是一名经纪人，因此我对双方都很了解。在房地产行业中，有许多不称职的经纪人和代理商，但是请不要以偏概全。合适的经纪人会在获取一流地块以及新住宅的销售中为你做出出色的工作。

自己动手做（DIY）

我们都听说过一个谚语“自己动手，丰衣足食”，这有许多的事实可以证明。如果你自己有能力来做一份工作，那么找到一个你认为能够做得更好的人会非常困难。这适用于刷油漆、木匠工作，以及土地开发。成为自己的开发商是一个很大的并且冒险的决定，但是可以获得更多的分红。或者，你可以与土地开发商合作，来获得良好地块的土地专营权。

不需要购买就能够控制理想地块

不需要购买就能够控制理想地块是一种很好的运作方式。这比你想象的要容易，但并非没有风险。当你直接购买地块的时候，你必须从相同的着眼点出发来争购土地。

作为一名供应大量住宅的建造商，我经常与开发商合作进行交易，因此我的公司用非常少的资金控制了大量的建筑地块。当我开发自己的土地的时候，我与其他的建造商做生意，允许他们有机会不需要购买就能够控制地段。我同时以开发商与建造商的身份来做生意，因此有机会聆听如何正确地选择与摒弃工作。

当土地开发商拥有地块之后，他们需要建造商介入并购买他们所拥有的地块。几乎没有开发商会指望一般民众来购买地块，尽管有一些会卖给富翁。在大多数情况下，开发商会联系建造商以试图将所有可供给的土地销售给他们。他们并不指望一个建造商就会购买整块的土地，但是这种情况也总有发生。通常，三到四个建造商会建设一块土地。聪明的开发商都会谨慎地选择他们的建造商。

开发商喜欢看到建造商一起工作，创造一个和谐的住宅发展环境。绿色开发商会寻找绿色建造商；聪明的开发商会寻找不需要直接竞争的、互补的建造商。只要销售良好，一些开发商并不关心是谁在建造什么。没有真正关于如何售完的

> **专家提示**
>
> 当土地开发商拥有土地之后，他们需要建造商介入并购买他们所拥有的土地。几乎没有开发商会指望一般民众来购买土地，尽管有一些会卖给富翁。在大多数情况下，开发商会联系建造商以试图将所有可供给的土地销售给他们。他们并不指望一个建筑商就会购买整块的土地，但是这种情况也总有发生。通常，三到四个建造商会建设一块土地。聪明的开发商都会谨慎地选择他们的建造商。

审核规则，但是，这是一个合理一致的事实，即开发商将会寻找能购买其所建地块的大部分的建造商，这就是你要介入的地方。

你可以等待开发商与你联系，或者你可以直接找开发商进行洽谈。如果你没有作为建造商的业绩记录，有些开发商就不会放心地与你做生意。开发商希望找到的是能够遵循时间表并且能够快速地完成工作的建造商。

时间表

如果你对时间表不熟悉，我这就给你解释，很简单。假设我是开发商而你是建造商。常规来讲，我一般不会出售少于 20 个建筑地块的土地。每个地块卖 6 万美元，一次性购买所有的地块，你需要 120 万美元。很少有建造商能够承担这种前期费用，并且几乎没有建筑商会在一个新地块上做如此大的赌注，这留给我这个开发商一个难题。我有 80 块土地需要销售，并且我找不到能够一次性购买 20 个地块的建造商，我该怎么做呢？

在这种情况下，我将会提供给你一份时间表，你要签署一份合同，声明你会以每块 5 万美元的价格购买 20 块土地。当这个合同签署以后，我会得到一份押金。押金的数量可能是 500 美元或者更少，但是也可能更多，这是无论如何我们俩都要同意的。然后你就要马上购买第一个地块，剩下的 19 个地块需要在一段时间以后才支付。为了决定你要在规定的时间段内购买多少地块，我们需要建立一个时间表。有可能你要每个月购买一块土地，或者可能在你每次售出所建住宅后都购买一块新的土地。时间表也许会要求你在 12 个月内购买所有的土地而不管你在什么时候买哪块地。时间表中的条款只有当我们两人都同意后才可以执行。

执行时间表对你我都有好处，你用最少的资金购置了 20 个地块，我得到了可以展示给银行的 20 个地块的销售契约，这增加了我的信用额度。我不需要向一般民众零售地块，如果你违约，我会得到押金，以及未支付土地的所有权，并且可以控告你。假设这个交易执行得很好，我们双方都会获利。你可以通过逐渐购买获得对专属地块的控制，而我也销售了一大块土地。

建造商与开发商之间常常会建立时间表。它

> 专家提示
>
> 建造商与开发商之间常常会建立时间表。它们一贯是为开发商提供大量销售的切实可行的方法。建造商喜欢运用时间表，因为时间表允许建造商向客户提供二十（或者不管什么数字）个地块供其选择，尽管他们可能真正只拥有其中的一个地块。这对建造商和开发商来说是双赢的。

们也许是为开发商提供大量销售业绩的唯一的切实可行的方法。建造商喜欢运用时间表，因为时间表允许他们向客户提供20（或者不管什么数字）个地块供其选择，尽管他们可能真正只拥有其中的一个地块。这对建造商和开发商来说是双赢的。

正如我前面所说，时间表也是有风险的。建造商很容易因为交易流产导致少量资金的转手而变得贪婪，他们可能会签署比在一段时间内能够有能力购买的地块更多的地块。如果建造商出了问题，开发商也极有可能遭遇诉讼。无论从公众形象的角度来看，还是从经济角度来看，这对建造商来说都是一个坏消息。

你可以带着乐观的精神和时间表上的20个可靠的地块进入一个新的市场单元。你会发现民众对于住宅发展并不关心。根据你的时间表，也许你必须每个月购买一块土地，尽管你可能不能销售掉住宅来填补空缺，这可能是一个毁灭性的打击。在没有足够的地块与作出承诺之间存在着一条界线，它将毁掉你的建筑事业。知道要做什么只是部分的幸运和经验。如果你有足够的经验并且在研究当地人口上投入足够的时间，你就会创造出属于自己的运气。

选择权

土地的选择权是另一个不用付款就能控制地产的方法。只要你对地块有合同的控制，你就比其他的建造商有优势。如果一个客户钟情于你所控制的一个地块，那么其他任何一个建造商都不可能为那个客户建造住宅，除非你只想做土地交易。你控制的土地越多，需要面对的竞争就越少。

> 专家提示
>
> 土地的选择是另一个不用付款就能控制地产的方法。只要你对地块有合同的控制，你就比其他的建造商有优势。如果一个客户钟情于你所控制的一个地块，其他任何一个建造商都不可能会为那个客户建造住宅，除非你只想做土地交易。你控制的土地越多，需要面对的竞争就越少。

如时间表一样，选择权并没有规则。当建立购买选择权的时候，买卖双方可以制定任何他们觉得合适的条款。投资者与建造商常常使用选择权来用最少的资金获得对房地产的控制。如果你感觉到了一个巨大的但并不完全确定的机会，选择权是一个很好的选择。当你选择购买一处地产的时候，最多会输掉的就是获得选择权的资金。让我来解释一下一些类型的选择权如何实施以及为什么它们对你有利。

短期选择权

我所指的短期选择权是指必须在90天内实施的选择权。三个月并不是很长的时间，但是它对于建造商来说足以作出获得或者取消交易的评估。建立一个短期选择权比制定一些细节的长期选择权要容易。如果一块地产的出售者急于出手，就不一定会把选择权看得非常重要了。一旦一个选择权置于一块地产之上，直到持有人做出选择行为之前，卖方都是被束缚住的。但是短期选择权一般都被炒房地产的开发商和投资商所持有。出售私有土地的典型消费者很少愿意接受选择权的做法。

当你为一个选择权提供给卖方条款的时候，你可以用任何你喜欢的形式。卖方没有义务接受你的报价，并有可能与你订立一个不同的条款，问问有没有其他选择也无妨，最糟糕的就是你得不到它。作为一名开发商，既然你对长期选择权更感兴趣，那就让我们讨论一下长期条款的基本选择计划的细节。

基本选择权

建造商的基本选择权一般都长于 90 天。一个六个月的选择权并不希奇，四个月是很正常的，并且还附有其他条款。为了解释此种类型的交易如何完成，我们假设你的角色是建造商，我的角色是开发商，你想要在我的地块中控制三个地块，但是你并不想在测试了公众对我的新地块的意见之前与我达成购买合同或者时间表。

> 专家提示
>
> 建造商的基本选择权一般都长于90天。一个六个月的选择权并不希奇。四个月是很正常的，并且还附有其他条款。

作为一名开发商，我计划在三年的时间内销售掉所有建筑地块。你与我联系，并对我的三个地块在六个月内的选择权进行报价。在报价中，你同意给我 5000 美元作为不退款选择权资金。如果你不购买这些地块，我就会扣下这笔钱。如果你购买了这些地块，这些钱就会作为购买金额的一部分来支付。我更倾向于订立一个购买合同以及时间表，但是我有许多的地产需要出售，并且要在三年之内全部售出。现在接受了你的钱也只是会带来三笔交易，最糟糕的情况就是我得到了 5000 美元，但延迟了地块的销售。在这种情况下，我会提出一个新的条款要求抬升至 10000 美元。

现在你有机会仅仅花费 10000 美元就能控制许多有价值的地块。这是你的赌注，如果你得到了选择权，为将在上面建造住宅的地块做广告，并且迅速地销售出去，你就会选择更多的地块而且保持你的原动力，你决定做这笔交易。选择权就是这样简单，最多你会失去 10000 美元。即便你没有得到所承诺的一项重要协议，但是你得到了由合同所控制的三个理想的地块，这并不是一个糟糕的交易。但是在你让我知道，你会在必要的时候按照目前的情况来获得这个交易之前，你决定让自己获得更多利益。

每当你大量购买土地时你会将基本选择权提高到10000美元，但三分之一的钱将会用于支付购买价格。那么，如果你购买并销售了一个地块，你最多损失掉一部分选择权资金；如果你购买了两个地块，你就会减小一半的风险。因为我有足够的地块和时间，我接受了你的条款并且我们达成了协议。你用了非常少的资金和最小的风险完成了交易。这是聪明的建造商在大宗交易之前测试市场的方法。

> 专家提示
>
> 基本选择权允许买卖双方达成双方都满意的条款。这其中并没有真正的规则。直到协议达成之前，条款都要不断地修改。如果你能找到一位不急需资金的销售方，选择权是非常有效的。当为了剩余地块以及并没公开销售的地块制定条款的时候，销售方很容易接受这种选择权。在下一次你购买地块的时候要记住这一点。如果你的直觉是错误的，你将会损失掉选择权资金，而不是你的全部家当。

基本选择权允许买卖双方达成双方都满意的条款，这其中并没有真正的规则。直到协议达成之前，条款都要不断地修改。如果你能找到一位不急需资金的销售方，选择权是非常有效的。当为了剩余地块以及没公开销售的地块制定条款的时候，销售方很容易接受这种选择权。在下一次你购买地块的时候要记住这一点。如果你的直觉是错误的，你将会损失掉选择权资金，而不是你的全部家当。

钱尽其能

对于专业的建造商来说，学习如何运用选择权以及时间表来使钱尽其能是非常重要的。即使你是建造定制式住宅，拥有只属于你的不同的稳定的建筑场地也是非常有利的。但是如果你的资金绑在地块上的话，而房屋在市场上的销售时间超出预算时间，这将削减你处理运行成本的能力。

当你第一次开始的时候，购买与选择地块的风险很大。你可以为你所能提供的服务做广告，以期找到已经拥有地块的客户。有些客户就是这种类型的。你也可以假定在你生意起步阶段的客户能够在公开市场上找到合适的地块。其实谁控制了土地谁就控制了建筑，所以你要记住这点。认真地考虑你的机遇，不要盲目扩张，许多失败的建造商都是因为他们信贷过多。慢慢地建立你的事业也许是苦闷的，但通常是一条最好的路线。你已经了解了许多有用的信息，并且会在以后几章中获得更多，但是你一定要根据个人情况建立新的知识体系，适用于我的未必适用于你。

第五章　募集资金的简便方法

对于大多数建造商来说募集资金是很必要的，有复杂的方法也有简便的方法。虽然没有真正简单的方法，但是确实有一些方法只需要较少的努力就能获得更好的效果。这其中一些是有圈套的，如果你没有经验，募集资金的途径其实并不简单。

建立信贷额度是大多数商人都必须要解决的任务。为一家新公司建立信用账户是很困难的，而且对于有不良信用记录的人来说，这几乎是不可能的。卖主不想建立信用帐户除非已经有了一个良好的信用记录，但是如果别人不给你机会，你应当如何建立一个良好的信用记录呢？这就像是鸡与蛋的关系——到底是先有鸡还是先有蛋？本章将要帮助你了解建立信用的方法。

 对于成长中的企业来说良好的信用至关重要

对于成长中的企业来说良好的信用至关重要。夸张点说，没有良好的信用要生存下去都很困难。大多数的公司都需要信用账户，无论这个信用是用来采购每月的办公用品还是半年的经营资本。如果你在做生意并且没有任何的信用污点的话，建立一个新的账户其实并不困难。相反，如果你有不良的信用记录，获得一个新的信用额度则会是非常困难的。对于刚刚起步的公司来说，建立信用是一个缓慢的过程，但是总会完成的。

你需要什么类型的信贷？随着你事业的成长，你将需要多种类型的信贷。让我们看一下你有可能会用到的一些种类的信贷。

启动资金

你首先需要的信贷就是获得启动资金。启动资金就是你要用来开始做生意的资金。

最好是用自己的储蓄作为启动资金，借钱开始做生意会让你从一开始就被限制住。偿还启动资金债务的负担将会使你的生意从一开始就变得比其他人艰难。然而，许多成功的企业都是靠借钱起家的。

许多年前，在我刚刚开始做生意的时候，我不得不借500美元购买填满工具箱的

工具。今天来看500美元并不是很多钱，但当时的感觉就是冒了一个很大的风险，但是我度过了风险并且偿还了债务。尽管我并不建议你通过借债来开展生意，但是我确实是这样做的，而且取得了成功。

> 专家提示
>
> 最好是用自己的储蓄作为启动资金，借钱开始做生意会让你从一开始就被限制住。偿还启动资金债务的负担将会使你的生意从一开始就变得比其他人艰难。然而，许多成功的企业都是靠借钱起家的。

启动资金贷款是最难获得的贷款之一。银行知道许多新的公司在一年之内就会破产。如果你没有房屋产权或者其他种类可以被接受的抵押物，银行是不愿意帮助你开展事业的。

如果你等到辞职后才申请启动资金，获得贷款审批的几率就大大降低了。许多理性的企业家都会在他们还有其他普通工作的时候寻求一份个人贷款，并且用这些资金来作为他们生意的启动资金。这一程序可以获得更多的贷款审批。

一些承包商是从兼职开始他们的生意的，之所以这样做，是因为当他们还是其他公司职员的时候可以获得所需要的贷款，并且能够建立资金储备。他们所作的工作可以赚钱来偿还贷款，并且能够积累成一份稳健的预备资金储备。压力、几个小时的全职工作以及一份兼职生意会让你觉得很累，但是结果通常是值得的。

运营资金

一旦你开始做生意，你就会需要一些运营资金来缩小收支差距并且保证其运营。如果你没有准备好这部分资金的话，你就会想要获得一份运营资金贷款。

> 专家提示
>
> 有些类型的金融业务会提供运营资金贷款。一些商人会抵押住宅产权来获得运营资本，而信用额度往往会根据承包商所需的资金而设定。使用这种类型的金融产品，你只需关心你所使用的资金。短期个人贷款是获得运营资本的另一种方式，这些贷款通常只需要在到期之前支付利息，到期后再一并还清全部金额。

如果你已经建立了运营记录，银行就会愿意做这份贷款。然而，作为一名自营人员，直到你能提供两年纳税申报的收入核查之前，不要希望所有贷款都会通过审批。因为你有可能会需要运营资金来度过前两年的时间，你最好在开始做生意之前做好资金安排。

有些类型的金融业务会提供运营资金贷款。一些商人会抵押住宅产权来获得运营资本，而信用额度往往会根据承包商所需的资金而设定。使用这种类型的金融产品，你只需关心你所使用的资金。短期个人贷款是获得运营资本的另一种方式，这些贷款通常只需要在到期之前支付利息，到期后再一并还清全部金额。

贸易账户

你极有可能需要大量的贸易账户。这些是会让做生意变得更加简单的金融服务。它们可以用在从做广告到生产产品的任何事情。这些账户会花费你一些时间。然而，他们可以快速地击沉你的金融战船。使用贸易账户而不用赚来的收入偿清债务将会变得非常麻烦。

广告账户

广告信用账户很便利。这些账户会允许你按月支付广告费，从而不必每次做完广告后都支付广告费。它也会给你的广告一个自己赚钱还债的机会。然而，一定要小心，如果你滥用这些账户，你就会很快陷入重重的债务之中。

尽管广告费通常自己可以支付，但有时候并不是这样。有些时候，你并不能承担不是由付费客户带来的价值数千美元的广告费用。如果你使用了广告账户，就会因为不得不支付无用的广告费用，而使你在开始做生意之前就蒙受损失。请谨慎地使用你的信用账户。

供应商账户

供应商账户很便利。通过与材料供应商建立信用，你就不需要在每次需要供应的时候都带着支票簿了。

因为你很有可能会在客户付款之前需要供应和安装材料，供应商账户会给你一些宽限时间，一般为 30 天。直到下个月之前，你都不必为你所需要的材料付款。你可以利用余下来的这段时间来安装材料并且从客户那回收资金。

再说一次，一定要谨慎。如果你的客户不付款，你就不能去为自己付款，你必须抓紧时间将资金回收。一旦你开设了账户并开始使用，为了维护你的信用，一定要在期限之内迅速还款。

办公用品

通过邮购从分销商那里来购买，你可以购买到更低价格的办公用品。与这些公司之间有一个

> 专家提示：
>
> 因为你很有可能会在客户付款之前要供应和安装材料，供应商账户会给你一些浮动时间，一般为30天。直到下个月之前，你都不必为你所需要的材料付款。你可以利用余下来的这段时间来安装材料并且从客户那回收资金。

信用账户，这样避免为每一份到货的快递付款，会使你的生活更加的简单。拥有商业账户，你就不会将商业资金放置在你的个人信用卡中了。这种类型的账户使你的账目更加清晰，并且很少会给你的生意带来麻烦。

与像史泰博（Staples）或者欧迪办公（Office Depot）这样的折扣办公用品公司打交道，你会发现很容易开设一个办公用品账户，并且在到期的时候马上支付欠款你就会建立起良好的信用。

专家提示

像史泰博（Staples）或者欧迪办公（Office Depot）这样的折扣办公用品公司，你会发现很容易开设一个办公用品账户，并且在到期的时候马上支付欠款你就会建立起良好的信用。

燃料

当你的员工需要为卡车或者设备加油而你又不在身边的时候，支付燃料费用就变成了一个大问题。支付现金并且等待现金收据是很消耗时间的，如果你与燃料供应商建立一个信用账户，你的员工就可以方便地为公司的车辆和设备支付燃料费用了。在月底，你的这个账户会很容易地转换到会计系统，但是你需要一个可以避免滥用这个支付账户的系统，来确保所有的费用都用于公司而不是个人。

车辆与设备

随着你事业的发展，你会需要更多的车辆和设备。大多数商人都负担不起这些大宗的花费，融资或租赁车辆与设备需要一个较好的信用等级。

有时候信贷在你的生意成功与失败之间起着决定性的作用，因此你需要打造一个良好的信用等级并精心维护它。

选择贷款机构

你要建立信用的第一步就是要选择贷款机构。贷方银行并不都是一样的，一些银行擅长做房屋抵押贷款、一些做汽车贷款、一些做担保贷款。如果他们感觉这笔贷款足够安全的话，有些银行会提供给你任何形式的贷款。然而要找到一家愿意做无担保签字贷款的银行相当困难。

在你动身开始寻找一家银行之前，你首先要

专家提示

担保贷款是一种将有价值物品作为抵押物，以保证贷款安全的贷款。无担保贷款是以签名而不是特殊的抵押物作为担保的贷款。大多数的贷方都倾向于担保贷款。

决定需要何种类型的贷款——是担保贷款还是无担保贷款。如果你还没有建立起一个财务健全的企业，就要准备以个人名义申请贷款。如果没有个人担保，大多数的银行都不会提供商业贷款。担保贷款是一种将有价物品作为抵押物，以保证贷款安全的贷款形式；无担保贷款是以签名而不是特殊的抵押物作为担保的贷款。大多数的银行都倾向于担保贷款。

如果你需要一份抵押贷款，你首先要决定用什么来作为抵押。你想要借钱的数量与被银行接受的抵押物的种类和数量有很大关系。例如，如果你想借 50000 美元作为运营资金，用一辆价值 10000 美元的并且付完全款的卡车作抵押是不够的。

当你想借大额资金时，房屋产权是银行最期望的抵押种类。如果你有房屋的产权，并且愿意冒险的话，你会发现获得贷款相对要容易些。然而，房屋产权贷款很含糊不清，许多人都不知道他们可以用产权获得多少贷款。让我举两个例子来说明一下如何评估房屋产权的贷款价值。

假设你的房屋价值 10 万美元，并且你还有 8 万美元的按揭贷款，虽然价值很低，但是很容易计算和理解，房屋估价与你所欠总价的差值就是产权价值。在这种情况下，产权总价是 2 万美元，这是否意味着你可以用你的住宅产权向银行贷款 2 万美元呢？不是的。大多数的银行都会认为这个贷款风险很高。一些金融公司可能会给你贷款 1 万美元，但是这少之又少。大多数情况下，你并不能用你的住宅产权获得任何贷款。

贷方希望借方有很强的贷款偿还意愿。如果银行用你的房屋产权贷给你 2 万美元，你的房屋将百分之百被融资。基本上，如果你拖欠贷款，你并不会损失任何钱，仅仅是损失你的信用度而已。为了避免这种类型的问题，银行要求你要维持你的房屋产权水平，使其超过你第一次抵押和房屋产权贷款之和。大多数银行都会让你保留在获得房屋产权贷款之后房屋价值的 20% ~30% 。

假设你拥有价值 10 万美元的住宅，但是你只有 5 万美元的按揭贷款。谨慎的银行将会给你 2 万美元的房屋产权贷款。这将使你的联合贷款水平达到 7 万美元，但是你仍然拥有房屋的 3 万美元的产权。如果拖欠贷款，你不仅会损失信用度，还会损失 3 万美元。慷慨的银行将会给你贷款 3 万美元，让你保留 2 万美元的产权。

> 专家提示
>
> 如果没有房屋产权，你可以使用个人财产做抵押。个人财产包括车辆、设备、应收账款，或者存款证明等。不同的银行都会有不同的政策，因此在你找到想要与之合作的银行之前要货比三家。

如果没有房屋产权，你可以使用个人财产做抵押。个人财产包括车辆、设备、应收账款，或者存款证明等。不同的银行都会有不同的政策，因此在你找到想要与之合作的银行之前要货比三家。

申请贷款时最明智的选择就是银行。商业银行通常都有各种类型的贷款。但是储蓄与贷款公司通常提供房地产贷款，并且值得研究一下；如果你属于某一个信贷联盟，要查看它的政策与利率；金融公司通常是积极的贷方，但是他们的利率会很高；私人投资商常常会寻找有潜力的项目进行投资或者贷款；典当经纪人也是另一个可能的贷款提供者。迅速地浏览电话簿以及当地报纸的广告，你会发现许多潜在的贷款资源。

一无所有时如何获得信贷

这一小节将指导你如何在一无所有的情况下获得信贷。开始时没有信贷总比有不良信贷要好，如果你从未使用过信用卡或者银行账户，你会发现即使是从某些贷方那里获得最小额度的贷款都是很困难的。你会遇到的另一个困难就是你是自我雇佣。大多数的贷方都不希望贷款给自我雇佣的个人，除非你个人拥有至少两年的报税清单。考虑到这一点，你应当在辞掉全职工作之前建立账户以及信用记录。

因为大多数人在做生意之前都没有建立商业账户，我会给你一些关于如何在没有正式工作的时候获得信贷的建议。然而，如果你有机会在你辞职之前建立商业账户，那么就要建立一个。

供应商账户

供应商账户是你开始建立新信贷的最佳选择之一。当你开始做生意的时候，供应商想要供给你所需的材料，他们授权给你一个信贷账户时会很谨慎，但是他们比一般的银行更慷慨。

作为一家新成立的公司，你需要信贷、材料还有客户。作为运营中的有竞争力的公司，供应商需要新的客户。实际上是各有所需，这就是你的优势。如果你能够准确地把握住自己，你就有机会建立一个小的赊购账户。那么现在就让我们看看要建立新的供应商账户你应当如何去做。

你可以通过邮件或者直接从信贷部门拿到申请书来要求信贷申请。大多数的申请书都要求填写个人资料、信贷资料、姓名、地址、电话号码、社会保险号码、银行结余和账户号码、公司名称等。在申请表上也会询问你要申请多少额度的信贷，不要在一开始就写你要申请很大的数目；应该选择一个比你真实想要的要稍微多一点的现实的数目。设置一个稍高的数目会给你的谈判留有空间。

> 专家提示
>
> 大多数的供应商信贷申请表都是类似的。只要你填写了第一份申请书，就可以复印一份作为未来的参考资料。如果供应商对你的申请表有疑问，影印件不仅可以唤起你的回忆，也可以作为你填写其他信贷申请表的参考。

大多数的供应商信贷申请表都是类似的。只要你填写了第一份申请书，就可以复印一份作为未来的参考资料。如果供应商对你的申请表有疑问，影印件不仅可以唤起你的回忆，也可以作为你填写其他信贷申请表的参考。

当你填完申请表之后，将它们交回到信贷部门。你最好亲手递交申请表，因为这会给你一个留给信贷工作人员个人印象的机会。给信贷经理留下良好的印象是很有帮助的。

> 专家提示
>
> 供应商提供了一个开设账户以及开始建立良好信贷等级的最简单的路径。使用这些账户几个月以后，你的信贷等级就会上升。保持供应商账户的活跃与流通会为你在银行融资建立一个良好的背景。

如果你收到了拒绝你的信贷申请的通知，不要放弃。给信贷经理打个电话并且安排一个私人会面，与经理会谈并协商开设一个开放账户。当所有这些都失败后，申请一个更加小的信贷额度，大多数的供应商都会给你一个 500 美元的信贷额度。这听上去并不多，但这只是一个开始，而这个开始就是你所需要的。

去获得你所能得到的任何信贷，而且建立账户后就要使用。只拥有开放账户是不够的，你必须运用信贷来获得一个良好的信用等级。你应当经常性地使用信贷账户并且按时还款。当供货商提供先期付款折扣的时候，你要尽早付款。通过尽早付款以及获得折扣优惠，你会节省下资金并且可以提升你的信贷等级。

供应商提供了一个开设新账户以及开始建立良好信贷等级的最简单的路径。使用这些账户几个月以后，你的信贷等级就会上升。保持供应商账户的活跃与流通会为你在银行融资建立一个良好的背景。

其他供应商账户

其他供应商账户也是有用的。当你的公司开始运营的时候，你会需要办公用品供应，你会需要打印机服务，对于每个新公司来说报纸广告都是必不可少的一部分，所有这些繁杂的供应商都给你提供了建立信贷的机会。你会很容易与小公司建立账户，如果你是社区中的本地居民，小公司有可能都不需要你填写信贷申请书，但这些机会很容易被一些人忽视。但是请记住，及时还款是与供应商建立良好信用的关键。

主要贷款方

与主要贷款方打交道会有一些困难。除非你拥有很高的信贷等级、固定资产以及坚实的业务计划，否则大部分银行都不会对给你大数额的资金贷款感兴趣的。但是不要灰心，有许多与银行打交道的方法。

像供应商一样，银行应该也愿意给你提供小额贷款。众所周知，在如今的商业环境中500美元买不到什么东西，但是作为建立信贷等级的开始这是很值得的，这是建立信贷等级以及获得银行注意的另一种方式。

> 专家提示
>
> 像供应商一样，银行应该也愿意给你提供小额贷款。众所周知，在如今的商业环境中500美元买不到什么东西，但是作为建立信贷等级的开始这是很值得的，这是建立信贷等级以及获得银行注意的另一种方式。

银行倾向于做抵押贷款。你有什么比现金更好的抵押品能提供给银行呢？我知道，你在想如果你有现金就不需要贷款了，但是这不一定总是正确的。当你正在建立信用度的时候，任何良好的信贷都是优势。让我告诉你如何获得担保贷款吧。

与银行官员进行交谈，告诉他你想要一个存款证明（CD）形式的现金存款，但是在你拥有了存款证明之后，想要用它来贷款。大多数的银行都会允许你获得存款证明90%价值的贷款。例如，如果你将1000美元放入存款证明中，你应该可以用它来获得900美元的贷款。你基本上是借自己的钱并且向银行支付利息。这个概念听起来很古怪，但是这将有利于你建立信贷等级，而且不要忘记你的存款证明也是会一直赚取利息的。

银行会向信贷局报告他们的贷款记录。尽管你是借自己的钱，但是信贷报告机构会显示贷款是积极的并且是有担保的。而且只要你按时还贷，你就会获得一个良好的信贷等级。这种手段通常被人们用来修复不良信用，但是它适用于任何人。

> 专家提示
>
> 建立一个良好的信贷等级需要时间的累积。你越早开始这个进程，就会越快地享受由坚实的信贷记录带来的好处。建立良好信贷等级的道路是曲折和漫长的，但是很值得。

建立一个高水平的信贷等级需要时间的累积。你越早开始这个进程，就会越快地享受由良好的信贷记录带来的好处。建立良好信贷等级的道路是曲折和漫长的，但是很值得。

贷款申请需求清单

最近五年的家庭住址
离婚协议
子女抚养协议
社会安全号码
两年的报税表（如果是自营）
支票存根（如果可用）
员工税务报表（即 W-2，W-4）
家庭总收入
所有银行账户号码、余额、名称以及地址
所有信用卡账号、余额以及月付款
最近四年的雇佣记录
所有股票和债券信息
人寿保险票面价值和现金价值
所拥有全部房地产的信息
租金收入和所拥有财产的投资费用
信贷参考账号名单
净资产财务报表
贷款申请费用支票簿

图表 5-1　贷款申请需求清单

如何克服不良信贷等级

如果你从一开始就有不良信贷等级，这一小节将会指导你如何克服它。毫无疑问，如果你拥有一个不良的信贷记录，那么建立信贷账户会更加困难，但是你可以做到。如果你正在和不良信贷记录做斗争，那么就要计划出一些时间来清理已存的记录并且建立新的信用记录。这个过程不会简单、愉快或者很快完成，但是结果会让你很愉快。

担保信用卡

担保信用卡是拥有不良信用的人开始重建信用的一个有效的方法。担保信用卡类似于存款证明贷款的程序。一个人在银行或者信用卡公司存了一笔特定数目的资金，信用卡允许的数额会等于或者略多于现金存款，你基本上是在借自己的钱，但同时又在重建你的信用。

专家提示

担保信用卡是有不良信用的人开始重建信用的一个有效方法。担保信用卡类似于存款证明贷款的程序。一个人在银行或者信用卡公司存了一笔特定数目的资金，信用卡允许的数额会等于或者略多于现金存款。你基本上是在借自己的钱，但同时又在重建你的信用。

存款证明（CD）贷款

如果你需要重建自己的信用，存款证明贷款是一个非常好的方法。通过存款并借贷自己的钱，你可以无风险地建立一个良好的信贷等级。

错误的信贷报告

很可能存在关于你的信贷历史的错误报告。如果你的信贷申请被拒绝，你就有权获得一份用来决定拒绝信贷申请的信贷报告信息的复印件。如果你被拒绝了信贷申请，你应当立即要求一份信贷报告的复印件。信贷报告局有时也会出错误，让我告诉你一个故事，就是我在申请第一笔房屋贷款时，我的信贷报告是如何出错的。

我在申请第一笔房屋贷款时，我的申请被否决了。拒绝的理由是有欠费的信用记录。我知道我的信用并没有问题，并且我提出了质疑。贷款工作人员与我交谈，并很快认识到了什么地方出了错误。我妻子的名字是金伯利（Kimberley），并且在我提交信贷要求的时候我还没有孩子。而那份信贷报告显示我的妻子为另外的名字，并且有几个孩子。很显然的，报告是不准确的。

经过进一步调查，我发现信贷局向银行提供了错误的信贷报告。我的姓氏和最后的名字与拥有不良信用历史的人相同。然而，我中间的名字和他不一样，我妻子的名字也不一样，并且我没有孩子，凑巧的是我和这个家伙还住在同一条路上。这当然是个奇怪的巧合，但是如果我没有对信贷报告产生疑问的话，我就不可能建造我的第一栋住宅了。

亲身经历让我知道信贷报告确实会出错误。我曾经见到过非常多的客户被错误的信贷报告所影响的情况。如果你没有获得信贷，拿一份信贷报告的复印件，并且调查你发现的问题。要养成定期审查你的信贷报告习惯，如果发现错误的条目，尽快与报告机构联系，向他们说明错误并改正它。

财务报表

公司名称

公司地址

公司电话

报表时间________________

报表撰写人________________

资产				
流动资金	$8543. 89			
证券	$0. 00			
设备				
2004 食品 F－250 小卡车		14523. 00 美元		
管架卡车		250. 00 美元		
40 英尺（12. 2 米）延长梯（2）		375. 00 美元		
手工具		800. 00 美元		
房地产		0. 00 美元		
应收账款		5349. 36 美元		
总资产				29841. 25 美元
负债				
设备				
2004 食品 F－250 小卡车，未付款		11687. 92 美元		
应付账款		1249. 56 美元		
总负债			12937. 48 美元	
净资产			16903. 77 美元	

图表 5－2　财务报表范例

解决不良信贷记录的解释信

如果你有不良信用记录，但是是情有可原的，写一封解释信是有帮助的。如果因为某些原因导致你拥有了不良信用记录，一封详细说明情况的信件会让贷方站在你的立场上。下面告诉你我的一名客户如何用一封解释信来实现改变的一个真实例子。

专家提示

如果你有不良信用记录，但是是情有可原的，写一封解释信是有帮助的。如果因为某些原因导致你拥有了不良信用记录，一封详细说明情况的信件会让贷方站在你的立场上。

一对年轻夫妇想让我为他们建造一栋住宅，

在贷款申请期间，发现那位先生的一辆汽车被银行收回了，这显示出一个交易终止问题。我与这位先生进行了谈话，了解了收回背后的细节。根据我的建议，他给贷款机构写了封信。不到一周，问题就解决了，这对夫妇获得了新住宅的贷款。这封简单的信件如何改变了他们的生活？即这位先生就是坏建议的受害者。

这位先生每月高额还贷购买了一辆卡车。当他决定结婚的时候，他知道自己无力偿还贷款了，他向银行解释了他的情况。贷款负责人告诉他可以将卡车归还给银行并且不用还款了。然而，银行并没有告诉他这个行为将会作为一次收回显示在他的信贷记录上。由于这位银行员工的建议，我的客户归还了卡车。

当这个问题突然出现并且联系到那位银行员工之后，他确认了这位客户的事情。房屋的抵押贷方评估了这个情况，认为这个人不需要承担责任，这都是由于银行专业建议的原因，并且我的这位客户的贷款被批准了。如果你有关于自己信用问题的解释，就让你的贷款工作人员知道。一辈子一次医疗问题就可能会使你破产，但是在你有贷款申请时它们是可以被谅解的。如果你提供了一份描述你的不良信贷原因细节的文件，你就会发现你的贷款申请会被批准。

确保信贷申请成功的七个技巧

我将要给你介绍能确保信贷申请成功的七个技巧。这并不是说这七个技巧是建立信用的唯一途径，但是事实证明它们确实是正确的。让我们仔细看一下如何使你的信贷需求成为现实。

保留一份信贷报告的复印件

在大多数情况下，通过一份书面请求你可以得到信贷报告的复印件，这是用来建立新的信用的很明智的一步。通过查看你的信贷报告，你可以在申请信贷之前改正任何错误的条目。最好在信贷经理看到这些问题之前理清你的信用记录。即使报告中包含了错误的信息，并且已经在信贷经理那里形成了不良的印象，你仍然要清除它。

准备一个信贷包

如果你在申请信贷之前准备了一个信贷包的话，就会增加你申请成功的机会。那么你的信贷包中应当包含什么呢？如果你拥有一家公司，你的信贷包中应当包括财务报表、报税表、商业计划以及所有被要求的正常信用信息。如果你是一家新公司，提供一份强有力的商业计划以及正常信用信息，一份你的私人预算也可能会很有帮助。

选择合适的贷方

在你申请新的信贷时选择合适的贷方是关键的一步。做一些调查研究，找一些擅长于做你想要的贷款类型的贷方。如果你有了目标贷方，就要瞄准并完成交易。

别担心从小开始

在你申请信贷的时候不要担心从小开始。任何你可以得到的开放账户都是有帮助的，哪怕你只获得了250美元的信贷额度，也总比一分钱都没有要好。

使用它或放弃它

当你获得一个信贷账户时，使用它或者干脆放弃它。没有使用的公开账户是会被注销的。此外，一个没有积极报告的公开账户对于建立你的信贷等级是没有好处的。

按时还款

永远都要按时还款。没有信用记录总比有不良信用记录要好，如果你被列入过期还款分类的账户，你的信贷历史会有不良记录，并且你会被贷方电话骚扰。

不要放弃

不要放弃建立你的信用。你做的越成功，你的信贷额度就越容易增加。然而，不要落入你脚下的陷阱，如果你滥用信贷权利，就离你陷入金融问题不远了。

为了客户的信用

你是否想过为你的客户获得信用？许多建造商都不会积极地帮助客户寻找融资；许多建造商都将贷款问题留给房地产经纪人以及购买住宅的个人。如果你愿意为你的客户安排便捷的融资服务，你就会获得更多的生意。

作为一名建造商以及经纪人，我已经从事融资工作很长时间了。通常会因为融资问题而影响住宅交易的成败。如果没有钱来支付资金的话，那么想让你为他们建造房子的人就没有什么价值了。为客户寻求融资并不是你的责任，但是如果你做了，你就很有可能会建造更多的住宅。

长期贷款

有很多种类型的长期贷款，就算用整整一本书都写不完。传统的30年固定利率贷款以及浮动利率贷款（ARMs）是住宅融资最常见的两种类型。即使在这两类中，也有许多不同的条款和条件。与许多其他类型的贷款一样，联邦政府协助融资也是可以使用的。

作为一名建造商，在你的客户拥有已被确定的长期贷款承诺之前，不要开始建造住宅。这种类型的贷款有可能来自银行、储蓄贷款、信用卡联盟、抵押贷款银行，或者其他一些来源。客户并不清楚有如此众多的贷款项目可以利用。如果客户与一位称职的经纪人合作的话，经纪人会向客户介绍贷方和可供选择的贷款。当客户在没有经纪人的帮助而直接找到你的时候，你应当指导他们选择一些有保障的贷方。要做到这一点，你必须在用到贷方之前对其做一些调查并且与其建立友好关系。而且，在客户有需要之前你就要了解他们贷款申请的需求。

> 专家提示
>
> 作为一名建造商，在你的客户拥有已被确定的长期贷款承诺之前，不要开始建造住宅。这种类型的贷款有可能来自银行、储蓄贷款、信用卡联盟、抵押贷款银行，或者其他一些来源。

建设贷款

在你联系贷方时，你要试图寻找能够提供给客户长期贷款以及建设贷款的贷款方。如果客户以他们自己的名义签署了建设贷款的话，你的风险会大大降低。当建造商通过建设贷款来获得资金的时候，会有两种结算：建造商要专注于土地并且用建筑业务来命名这份财产；当建筑建造完成时，将其出售给客户，还会有另一种结算。这增加了住宅的花费。以客户自己的名义来获得建设贷款，你就会减少风险，客户也会减少花费。

> 专家提示
>
> 在你联系贷款方时，你要试图寻找能够提供给客户长期贷款以及建设贷款的贷方。如果客户以他们自己的名义签署了建设贷款的话，你的风险会大大降低。当建筑商通过建设贷款来获得资金的时候，会有两种结算：建造商要专注于土地并且用建筑业务来命名这份财产；当建筑建造完成时，将其出售给客户，还会有另一种情况。这增加了住宅的花费。以客户自己的名义来获得建设贷款，你就会减少风险，客户也会减少花费。

当你在选择建设贷款的时候，你应当问清楚条款、条件，以及提请付款问题。一些建设贷款要求六个月有效期，还有一些要求九个月，有的会长达一年，你要确保贷款的条款能保证完成住宅的建设任务。

建设贷款的贷款价值率是多少？普遍是70%的贷款，也会有75%贷款价值率的贷款，而且一些贷方会提供财产估价80%的贷款。贷款价值率越高，对你就越有利。

建设贷款是否能提供土地收购的资金支出呢？大多数建设贷方都会预付资金，无论是建设贷款还是购买土地，都会成为一个大的问题。如果贷款方不会为收购土地预付资金，你或者你的客户就不得不自己拿出大量的现金了。因此要找到能为土地出资的银行。

建设贷款的利率普遍高于长期贷款利率。这是因为与长期贷款相比，建设贷款时间短并且风险高。你要预先知道贷款利息是多少，以便将其计算到住宅价格之中，除非你的客户会用自己的基金来支付利息。

成本花费以及结算费用会增加数千美元的房屋花费。一个 10 万美元的建设贷款增加一个百分点将会增加 1000 美元的成本花费。在你报价之前，要确定所有的融资成本，并且需要决定如何支付。这些是由你来支付并且将增加的花费加到房屋价格之上，还是由你的客户支付所有的融资花费然后支付给你建设工作的费用？建设贷款是建造大多数住宅的关键要素，因此多花时间与贷方沟通并且弄清楚什么类型的融资适用于你以及你的客户。

跨越式贷款

跨越式贷款可以用来解决一个普遍的难题。有时许多人都必须首先卖掉现有住宅才有能力购买新住宅，有时住宅购买者已有了一份出售现有住宅的合同并且等待着交易的完成。如果这两种类型的客户想让你为他们建造新住宅，他们会认为必须要等到他们完成交易之后才能开始建设。其实并不总是这样的，有时候可以使用一份跨越式贷款来解决问题，当旧住宅正在销售的时候就让资金滚动到新住宅中。

如果你的客户有足够的经济能力，他们可以自己安排一份跨越式贷款，这将使他们可以在离开现有住宅之前就开始建造新住宅。如果你和你的客户都没有注意到这个选择，你就会错过数月的建造时间来等待交易的完成，而这样你就可以马上开始新的交易了。当你与贷方会谈时调查一下跨越式贷款，并且要与你的客户分享你的信息，这会让你获得更多的生意。

> 专家提示
>
> 如果你的客户有足够的经济能力，他们可以自己安排一份跨越式贷款，这将使他们可以在离开现有住宅之前就开始建造新住宅。如果你和你的客户都没有注意到这个选择，你就会错过数月的建造时间来等待交易的完成，而这样你就可以马上开始新的交易了。当你与贷方会谈时调查一下跨越式贷款，并且要与你的客户分享你的信息，这会让你获得更多的生意。

优势

能够帮助客户获得融资的建造商在竞争中占有很多优势。如果知道客户能做什么以及他们能在哪些方面做，将使你成为其他建造商强有力的对手。当客户在选择建造商的时候，拥有可完成此项工作的能力以及可以帮助他们获得便捷、舒适的融资的建造商将很有可能获得这单生意。不要低估融资的重要性，只要你对贷款和贷方都熟知，你会发现销售会变得很容易。

债　券

总承包商协会已经估算出近六年来有半数的承包公司停业，建造商停业会导致银行和业主财务搁浅，银行和业主都意识到了这种情况。债券可以提供保护以应对建造商违约，而且增加被“抵押”的承包商保持正直诚实声誉的能力，以及保护潜在的贷方和客户对承包商财务的稳定状况有一个清晰的了解。

作为财务问题教育的一部分，对于债券这一主题应该进行探讨。债券不同于保险，保险会在未知事件中保护你，但是如果承包商没有支付工人工资和材料费用（支付债券）或者没有完成合同规定的条款（履行债券），债券会保证有资金用于完成这一工程。

作为建造商，你很有可能会碰到的两种主要的债券：支付债券和履行债券。支付债券会保证建造商支付给所有的分包商、工人以及特定工作的材料和设备供应商。履行债券保护业主免于因建造商没有履行合同所规定的条款和条件而产生的任何经济损失。

在业主接受银行贷款或者签订合同之前，一些业主和一些银行会坚持要求建造商提供支付债券和履行债券。尽管你没有被要求提供任何关于债券的任何经验，作为建造商教育的一部分，你应当知道到这些债券是做什么的以及如何获得“抵押”。

> 专家提示
>
> 总承包商协会已经估算出近六年来有半数的承包公司停业，建造商停业会导致银行和业主财政搁浅，银行和业主都意识到了这种情况。债券可以提供保护以应对建造商违约，而且增加被“抵押”的承包商保持正直诚实声誉的能力，以及保护潜在的贷方和客户对承包商财务的稳定状况有一个清晰的了解。

债券通过保险公司进行销售，并且获得债券的过程同债券本身一样重要。债券公司只面向财务健全并且管理良好的承包商发行债券，许多承包商从头到尾地使用债券来评估整个公司，并且会向债券代理商咨询关于如何提高融资和管理能力的建议。向债券代理商提交的典型文档包括：

- 公司组织结构图。
- 你以及主要员工的详细简历。

- 商业计划大纲，如何发展，以及目标利润。
- 最大及最近工程列表。
- 一些分包商和供应商的参考资料。
- 从银行获得的信贷额度的证明。
- 已拥有者的推荐信。
- 会计的各种报表：资产、负债和净资产平衡表，损益表，现金流量表，合同进度及完成表，以及显示开销的一般性开支表。
- 年终审计财务报表。

即使你不需要获得债券，这些用来申请债券的必要步骤将会提供给你一些帮助，也许在以后为了公司的可持续发展，你会需要建立强有力的金融体系。

第六章 居家办公 VS 成立办公室

办公空间是你成功运营公司的一个主要因素。对于建筑公司来说，没有必要在高房租地区拥有办公室；大多数建筑公司都能在低价区域运营。在某些情况下你甚至可以在家中办公，这并不意味着办公空间是不需要或不重要的。不管你是在家中还是在阁楼套房中办公，如果你想要赚更多的钱，你的办公室就必须是功能性的并且是高效的。

应当在家中还是在出租写字楼中办公?

是在家中工作还是在出租写字楼中工作是一个很难回答的问题，但是经过一定的思考以及我的经验和建议，你可以找到一个明确的方向。我曾经在家中和商业写字楼中办公过，是否决定租用商业空间我的经验是取决于你的自律，你所运营公司的类型，以及花费。让我们来看看当你租用办公室的时候应当考虑哪些因素。

自律

自律是你事业成功的最重要因素，在家中成立工作室是对你能力的一个很好的考验。在早餐桌旁或绕着农场散步很容易就会浪费很多的时间。在家工作是一种享受，但是你要订立制度约束自己。你可将一个特定的远离日常家庭活动的房间作为你的家庭办公室，这才是你开始的正确方向。

> 专家提示
>
> 自律是你事业成功的最重要因素，在家中成立工作室是对你能力的一个很好的考验。在早餐桌旁或绕着农场散步很容易就会浪费很多的时间。在家工作非常享受，但是你要订立制度并且坚决执行。将一个特定的可望远离日常家庭活动的房间作为你的家庭办公室，这才是你开始的正确方向。

门面要求

一些公司需要门面，但是建造商很少有这方面的需要。其他的贸易，例如管道商或者电气商可能会需要展示他们销售的设备，但是大部分的建造商并不需要这么做。他们可以将客户带到供应商的展示厅中，向顾客介绍管道及电气设备、橱柜、窗户、门以及硬件。拥有一间可以接待顾客的办公室有助于建立专业化公司，并且这是一个重要的成功因素。但是你首先应当看看自己的资金——你能否负担得起租用办公室的花费?

居家办公

居家办公是许多人的梦想。如果花的钱比节省的钱少的话，将办公室放在家中是省钱的好办法。居家办公对你的公司也有一个不利的影响，有些人会以为你在家办公是因为你的公司运营不太好，并且觉得选择你作承包商是有风险的。当然，居家办公并不意味着你的公司存在资金问题，但是一些客户并不习惯于与没有商业办公室的公司打交道。

我在家办公累计有 20 年了，我喜欢这样。我很自律，而且尽管我的办公室设置在家中，但它却是很专业的。当客户来到我的家庭办公室时，会很容易看出来我是专业的。我一会儿会多谈点关于成立家庭办公室方面的东西，但是请记住要认真对待你的家庭办公室。在家中拥有办公室会让你报销掉大部分的家庭开销，通过计算你的办公室的大小在你的住宅中所占的比例，你可以减掉一部分公共事业费用、房地产税以及按揭贷款，办公室的所有陈设也应当被减税。因此如果你决定在家中成立办公室，你应当与会计交谈并且找出涉及居家办公的税收优势以及税收政策。

商业形象

一间商业办公室会带给你一个商业形象，这个形象对你的公司有好处。然而，商业办公空间很昂贵并且会极大地增加你的资金负担，在你转到一个昂贵的办公套房之前，要慎重考虑你所做决定的方方面面。我们会继续在本章中讨论商业办公室的优点和缺点。

评估办公需求

当你决定在哪安置你的办公室之前，你应当评估你的办公需求，你事业的这部分规划对于成功来说很重要。你能否想象在一间昂贵的办公室中开始你的业务，六个月后却因为无法承受如此多的开销而不得不搬出去的情景？这种情况不仅是一种潜在的尴尬，对于公司来说也很糟糕。一旦人们知道了你的办公地点，他们就希望你一直待在那里或者搬到更好的地方。像上面描述的情形那样走下坡路的话，会让人认为你的生意不好，并且会吓跑一部分未来的客户。

你需要多大的空间?

你需要多大的空间是选择办公室的首要因素之一。如果你是公司的唯一成员，你就不需要太大的办公空间。当你考虑办公空间的需要时，花时间来勾画一下你计划中的办公空间。按比例画一些图纸会很有帮助，你也可以按比例做一些办公桌、椅子、文件柜、存储架、桌子以及复印机的模型，在你认为你所需要的办公室中来回移动它们，以此判断你需要的比你原先想象的是多还是少。记得要在你的比例图纸中为你的椅子留有足够的空间，使它从桌子往后退时不会撞到其他家具。在任一时间中你可能见多少人？办公室中需要多少办公桌？我现在只有一间三人的办公室，不包括在厂区外拥有自己办公室的分包商。我的办公室是在我的地产上的一个独立的建筑内，不在我的家里，但是正对车道这使我很容易界定工作空间。当我在家里有办公室的时候，纪律是很重要的。

专家提示

当你在设计办公室的时候，要考虑到你所有的需要。办公桌和椅子仅仅是开始。你是否会有一个独立的计算机工作站？你是否需要一张会议桌？将你的档案柜放在哪？你会在哪里以及如何存放办公用品？需要多少电源插头？当你在使用办公室之前提出并且解决越多的问题，你就会有越好的机会做出合适的选择。

在我的主要办公室中有两张办公桌和一张整理台，还有一间办公室用来放置文件、供应品、复印机，以及类似的物品，另外还有一个房间用来作为摄影工作室。我的仓库中放满了工具、设备以及供给品等。即使是一家小公司也需要大空间。

当你在设计办公室的时候，要考虑到你所有的需要。办公桌和椅子仅仅是开始。你是否会有一个独立的计算机工作站？你是否需要一张会议桌？将你的档案柜放在哪？你会在哪里以及如何存放办公用品？需要多少电源插头？在使用办公室之前提出并且解决越多的问题，你就会有越好的机会做出合适的选择。

你需要商业店面吗？

你需要商业店面吗？拥用商业店面几乎可以使任何一家公司做得更好，但是这种店面的好处有可能补偿不了额外的花费。如果你每天在工地工作，又没有员工在办公室工作，那么拥有店面又有什么用处呢？如果你的公司需要你大部分时间待在办公室中，一个门面也许是有益处的。你会得到一些预约业务，这样你就可以在家办公。商业空间的另一个优点是可以在客户眼中为你的公司塑造可信任的形象。

你需要仓储空间吗？

如果你不得不在手头保存大量的供给品或者处理大量的项目，仓储库房是很有必要的。一种解决办公室与存储空间的方法就是选择在同一层中二者相连的一个单元。这种办公室/仓储空间很有效、专业，并且如果你能找到一般也不会很贵。

如果你不需要存储材料，那么在私人储藏设施中租用一个空间是解决你需求的最经济方式。我曾在一间小办公室和一间私人储藏设施中运营公司，这种安排并不便利，但是比较经济而且可行。一旦你评估了你的需求，你就可以考虑在哪设置你的办公室了。

办公地点有差别

在商业中，办公地点是很有差别的。如果你在城市中招待客人，在乡村居住会非常的不方便并且会让你失去客户。拥有一间允许竖立大型标识的办公室是很好的广告并且能建立知名度。如果你的办公室在城市的偏僻地区，人们很难找到那里。如果你在家中办公，并且你的家在城市外面的乡村，即使客户想努力寻找也有可能找不到你。办公地点是一个重要的商业决策。

> 专家提示
>
> 在商业中，办公地点是很有差别的。如果你在城市中招待客人，在乡村居住会非常的不方便并且会让你失去客户。拥有一间允许竖立大型标识的办公室是很好的广告并且能建立知名度。如果你的办公室在城市的偏僻地区，人们很难找到那里。如果你在家中办公，并且你的家在城市外面的乡村，即使客户想努力寻找有可能找不到你。办公地点是一个重要的商业决策。

你的办公地点如何影响你的公共形象呢？公众的意见是无情的，如果你的公司被认为是成功的，它就很有可能成功。反之，如果公众认为你的公司是失败的，那么你就会出局。因此，我们有些时候必须做一些决定并且付诸行动来创造公共形象。

办公地点与你的公司形象有什么关系呢？很可能没什么关系，但是公众并不这么认为。所以你努力的方向应该朝着那些你希望成为你的客户的人。

除了建筑地点的声望，你必须要考虑到客户的便利。如果你的办公室在没有电梯的六层建筑的顶层，人们就不会想要和你做生意。如果在你的办公室附近没有足够的停车位，你就会失去很多潜在的客户，所有这些因素都对你的公众形象以及成功起着一定的作用。

你可以负担多少钱的办公室？

这看上去是个简单的问题，但是回答这个问题要比你想象的更难一些。当你在看办公室开销预算的时候，你必须考虑所有与办公室有关的花费。这些花费可能包含采暖、用电、清洁、停车、除雪，以及其他类似的开销。这些附带的花费可能比租用办公室的花费还要多。

如果你在夏天租办公室，就不需要考虑采暖花费了。在缅因州，办公室地板采暖花费很容易就超过租金。在准备你的办公室预算时，要考虑所有有关的开销，得到一个能让你觉得舒服的而且现实的预算数目。

当你开始选择租用办公室的时候，要考虑一些问题。谁来支付垃圾清理费用？谁来支付水费和排污费？谁支付建筑税？这些问题都很重要，因为一些租约会要求作为承租人的你来支付物业费。谁支付采暖费用？谁支付电费？谁支付办公室清洁费用？楼下的接待员是否要额外花费？如果在公共区域有办公设备，例如复印机等，那么使用这些设备将如何付费？

询问所有的问题并且要得到答案。如果你被要求支付例如采暖费和电费，一定要看一看去年的账单，这些账单会让你清楚你将会增加多少的办公室开销。

在你租用办公室之前，你要考虑好经济形势的波动。如果你处在跌入寒冬的商业阶段，你还会负担得起办公室开销吗？你是要签一份长期租赁合同，还是按月支付？按月支付通常会花费得更多一些，但是对于新成立的公司来说，这种额外花费很有可能是值得的。如果你签了一份长期租赁合同然后又取消了它，那你的信用就会有污点。如果你的业务迅速增长而且你需要增加办公室，那该怎么办呢？如果你签了一份小办公室的长期合同，就会很麻烦了。如果你选择了长期租赁合同，商讨一下转租条款，这将使你在必须搬走的时候能够将办公室租给其他人。

> 专家提示
>
> 在你租用办公室之前，你要考虑好你的商业圈的波动。如果你处在跌入寒冬的商业阶段，你还会负担得起办公室开销吗？你是否要签一份长期租赁合同，或者是按月支付？按月支付通常会花费的更多一些，但是对于新成立的公司来说，这种额外花费就很有可能是值得的。

你很容易就会梦想一个新的办公室会如何带给你更多的生意，但是不要让自己陷入陷阱之中。当你在计划办公室预算的时候，要在目前工作量的基础上做预测。如果你的公司刚刚开业不久，最好是以你去年最差的一个季度的工程量做基础。如果你能够在最糟糕的情况下承受房租，就签租赁合同。如果你只能在夏季业务繁忙时候承担房租，那么你最好搬离办公室。

许多新公司的拥有者都会寻找拥有大理石柱子、高级地板、酒吧以及所有电视上描述的豪华设施的办公室，除非你很富有，否则这些高价的工作空间会夺走你的利润并且让你破产。

潜在客户会认为豪华的办公室意味着你所出售的住宅价格会很高。但不要想象一间豪华的办公室会带来更高的净盈余。

 对比电话接听服务与电话答录机

将电话接听服务与电话答录机相比，你会找到很多不同之处。大部分人都更倾向于跟一个真人对话而不是一台电子设备。然而，随着我们的生活变得更加自动化，公众正在慢慢接受使用电子信息储存和检索。

当你在选择服务的时候，你更喜欢电话接听服务还是电话答录机？你的大多数竞争对手使用机器还是人工来接听电话？这很容易就能得到答案：打电话给你的竞争对手，然后看看电话如何被接听。使用电话答录机有可能会让你失去生意，但是这并不意味着你就不可以考虑它。

电话答录机并不贵，而且大部分机器都是可信赖的，这两点就是电话答录机优于电话接听服务的优势。电话接听服务并不便宜，而且有时是不可信的；电话接听服务可以给你重要的信息并且省时间，而电话答录机则不能；电话接听服务（以及大多数电话答录机）的另一优点是你可是通过手机来接听，并且当你不在办公室的时候可以发送信息。

为了决定选择哪种电话接听方式，你可以将双方的优缺点做个列表。在列表之后，你一眼就会知道应当选择哪一种。也许你会在以后更改你的决定，但是至少你会有一个合理的开端。

电话答录机有些明显的优点，这其中包括远程核查信息的能力，大多数现代电话答录机都能够核查来自任何电话的信息。选择一台能让打电话者留长信息的机器。许多机器都可以允许打电话者说任何时间长度的话，这些机器都是语音激活的，并且只会在对方停止说话后才挂断。你要选择一台可以记录发送个人信息的机器。一些电话答录机会设置你无法更改的标准信息，这对于定制你的外播信息是很有好处的。如果你买了一台满足所有标准的电话答录机，你会对它的表现很满意。

> 专家提示
>
> 将电话接听服务与电话答录机相比，你会找到很多不同之处。大部分人都更倾向于跟一个真人对话而不是一台电子设备。然而，随着我们的生活变得更加自动化，公众正在慢慢接受使用电子信息储存和检索。

在考虑电话接听服务的时候，价格永远是一个重要因素，但是它并不总是决定性因素；花什么样的钱就能买什么样的服务。你要寻找一台用专业方式接听电话并接收信息的电话答录机。你需要一个可以及时接收信息的可信赖的服务。询问一下运营商，你是否可以设置接听电话时的模式。一些接听服务接听所有的电话都是用同样的问候语，但是有很多可以使用你自己的模式来接听电话。

询问一下每天能覆盖多长时间。大多数会提供24小时的服务，但是花费会更多。询问一下接听服务是否会将敏感时间的电话当做呼叫等待来处理；大多数都可以这样处理。决定你的账单是按照统一费率还是按照你所接听的电话数量的波动值来付费取决于你接到的电话数量。询问一下你必须承诺的服务期限，一些电话接听服务会允许你使用按月付费，其他的会需要一个长期的约定。

如果你决定使用电话接听服务，要定期检查它的表现。大多数的服务都会为你提供一个专用号码来接收信息，尤其是你的账单是以接听电话数量为基础的情况。即便你必须为你的独立接听线路支付费用，从现在开始也要随时做到这一点。当你拨打你的公司号码的时候，你会得到运营商如何处理你的电话的一手证明。有朋友打电话并且留言时，运营商不会辨别这些人的声音，并且会像对待任何其他客户一样对待他们，这是检查人工电话接听服务工作情况的最好的方法。

> 专家提示
>
> 机器还是人？我认为使用电话答录机所失去的生意要比你节省下来的钱更有价值。如果你有能力雇用一位私人电话接听服务人员，你就应当这样去做。我已经尝试过电话接听的每一种方法，并且我确信人工电话接听服务是最好的方式。

机器还是人？我认为使用电话答录机所失去的生意要比你节省下来的钱更有价值。如果你有能力雇用一位私人电话接听服务人员，你就应当这样去做。我已经尝试过电话接听的每一种方法，并且我确信人工电话接听服务是最好的方式。

汇集功能性办公室的所有功能会花费时间。不要期望第一次尝试就会是最好的决定，你应当不断地尝试以找到什么是合适的什么是不合适的。如果你只记住一件事情，那么它应该是：不要陷入长期租赁之中；缓慢地发展总比不发展要好。

第七章　投资建造——风险与回报

投资建造住宅比以前存在风险更大了。曾经有一段时间，投资住宅的销售比建造来得快。然后时过境迁，建造商发现他们卖出投资住宅需要一年或者更长的时间，并且用尽了所有的利润来支付建设贷款的利息，投资住宅建造商的机遇不像从前那么好了。

当利率跌到很低的时候，我们会在建筑市场上看到一股浪潮。利率仍然良好，但是许多地区的住宅市场已经爆满。有一些地区可以吸纳更多的新建住宅，但是在许多地方销售一套住宅是很困难的。次级贷款往往会受到指责，这就是目前的部分形势，建设的热潮使得市场难以安全运行。

那你怎么办？建筑会继续发展的。可持续建筑正在不断增长。但是你应该建造投资住宅吗？你愿意承担风险吗？潜在的回报值得你去冒险吗？这是一个很难回答的问题。

你会成为一位不在投资住宅上下赌注的建造商吗？是的，你完全可以做到。我和许多其他建造商已经做了很多年。那么你将要如何去做？如果你不知道，这一章将会帮助你做出一个可行的决定。

专注于建造投资住宅的建造商可以避免传统建造商得面对的许多困难。当你建造投资住宅的时候，在购买者来之前都是你说了算，而传统建造商不得不从头到尾都要受到客户的监督。销售已经建好的住宅会比销售还停留在图纸阶段的住宅要容易得多。投资住宅建造商享受着销售有形商品的快乐，而传统建造商通常是在销售图纸。投资建造的优势还有好多，随着这一章的进展我们还将继续对其进行讨论。反过来说，从规划阶段开始销售的建造商也有优势。例如，你的客户定制一栋仅仅存在于图纸上的住宅要比定制一栋在建造中的住宅容易得多。成为一名成功的承包商的这两种方法各有优缺点。

拿到土地并规划

拿到建筑土地以及住宅规划是投资住宅建造商最先要做的事情之一。如果你要建造投资住宅，你必须拥有建造住宅的土地，不要忽视你的这部分工作。土地的位置、大小、形状，以及邻近的产业不仅有利于其市场价值，而且能吸引客户。

投资建设完全就是一种赌博。你购买了一块土地并且希望让一些购房者感到高兴，然后你建一栋自己觉得有市场前景的住宅。如果你能销售掉住宅，你就会赚到钱。当投资住宅滞销的时候，你只能是自己购买它或者把它抵押给银行，而这会损失你很长一段时间以来的信用度与可信度。你可能赚到五万美元的利润，也可能在破产法庭进行清盘。当然也有一些不同选择的中间状态。底线就是：投资住宅是一种赌博。

> 专家提示
>
> 投机建设完全就是一种赌博。你购买了一块土地并且希望让一些购房者感到高兴，然后你建一栋自己觉得有市场前景的住宅。如果你能销售掉住宅，你就会赚到钱。当投机住宅滞销的时候，你只能是自己购买它或者把它抵押给银行，而这会损失你很长一段时间以来的信用度与可信度。你可能赚到五万美元的利润，也可能在破产法庭进行清盘。当然也有一些不同选择的中间状态。底线就是：投机住宅是一种赌博。

好的投资住宅建造商对市场都有敏锐的眼光。他们与经纪人、其他建造商、目前的工程以及竞争性广告都保持着密切的联系。最优秀的建造商通过与评估师或经纪人合作来跟踪竞争产品的销售。这样一来，建造商可以准确地看到目前哪种住宅正在销售，销售的价格，以及全部销售出去的时间。当决定投资建造什么类型住宅的时候，这种信息就会很有用。你不能消除投资住宅的风险，但是你可以通过足够的研究来降低风险。

如果你获得一本销售对比的书，或者一个在线销售对比分析——任何一名房地产经纪人能获取此类信息——你就得到了一份很有价值的资料，它能帮你选择投资住宅规划设计图。一份对比报告将会列出住宅的基础尺寸，房屋中房间的数量和尺寸，所提供电力服务的类型，采暖系统甚至是地板的规格。通过阅读对比报告，你可以清晰地看到房地产市场的现状，而且这些信息一般都是准确可信的。

看看竞争产品的广告是必要的，但是你必须用怀疑的眼光看待它们。许多建造商和经纪人都擅长运作挑逗性广告，直到你与他们见面会谈，他们不会在广告中告诉你太多信息。除非你摆出作为一名预购买者的姿态，否则你只能得到广告中有限的信息。阅读这些信息，关注它，从中学习，但是不要依赖这些信息。

图 7-1 美观的设计可以使住宅销售得更快（ECO-Block 公司提供）

查看一下附近的工地，看看其他的建造商都在建造什么。除了建造以外，如果可能，看一看如何将你统一起来的资料提供给你的客户。在你决定以特定的方式建造某种特定类型的住宅之前，搜集你所能弄到的任何数据。我相信销售对比书籍是你最好的工具，但是广告和传单也是很有用的。

一旦你搜集到了尽可能多的资料，你就要开始做决定了。你可以依照这些资料来运行，或者你可以另辟蹊径。彻底改变是有风险的，通常来说比较好的做法是坚持其他建造商所做的工作，但是得有一些你特有的东西。拿出一份完善的规划设计比简单地说你要建一个独立的门厅或者一个牧场风格住宅要好得多。你必须评估并瞄准你的市场。

 锁定市场

如果你锁定了投资住宅市场，你就可能快速地把住宅销售掉。有些市场是重叠

的，有些则不是。许多的建造商都想建造大面积的豪华住宅，因为他们的利润通常与房屋的价值成正比。但是一些建造商会建价格稍低的住宅并且以量大取胜。这两种方式各有优点。

> 专家提示
>
> 如果你锁定了投机住宅市场，你就可能快速地把住宅销售掉。有些市场是重叠的，有些则不是。许多的建造商都想建造大面积的、豪华住宅，因为他们的利润通常与房屋的价值成正比。但是一些建造商会建价格稍低的住宅并且以量大取胜。这两种方式都有优点。

那些建大面积住宅的建造商会自夸说他们每年只要销售出去一到两套住宅就能有舒适的生活。而一个专门建造普通住宅的建造商要建两到三倍数量的住宅才能赚到相同的钱。但是如果一栋大面积住宅没有销售出去，会需要昂贵的维护费用，而且没有任何收入。如果我建了六栋小住宅，销售出去其中的四栋，那么我能够承担剩余的两栋住宅的费用并且能够生存下去。建一两栋大住宅但是没有销售出去将会是巨大的灾难。从另一方面说，我如果建造普通住宅就会不得不销售更多的住宅，这又是一个问题。

图 7－2　投资建设集合住宅需要使用让住户都满意的便利设施（ECO－Block 公司提供）

豪华住宅的购买者通常很富有，但是他们常常有一栋住宅需要出售。我的许多客户都在从出租房中往外搬，因此我可以很快地完成交易而不用排队等候其他交易的完成，我认为这是一大优势。也许我要更加辛苦地工作来为我的首次置业者寻找贷款，但是如果我衔接得顺利的话，这就会是一笔成交了的生意。

你得自己决定建造什么价位的住宅，我无法告诉你最适合你的是什么。首次置业住宅非常适合我，但是我也很成功地建过许多豪华住宅。关键在于预先知道你要干什么，你不能拿着规划图纸在确定了所有的细节问题之后才开始执行。

图7－3　良好的自然采光以及宽敞的房间有利于房屋销售（Natural Cork and More 提供）

打出商标

只要你锁定了市场，就要打出你自己的商标，如果你预先知道要做什么的话这就很容易做到了。如果你能足够准确地定义你的市场，运用今天建议给你的工具来打入市场是很容易的。直到你感觉你已经锁定你的目标观众之前，都不要尝试广告。

好的广告是一份合同，烂广告则会是一场灾难。懂得如何使你的广告利润最大化是成为一名成功的投资住宅建造商的一个重要方面。如果你盲目地花费每周数百美元在当地报纸上做广告，你就是在浪费辛苦赚到的钱。潜在的购房者常阅读报纸上的广告，但是这些可能的买主并不总是最好打交道的，常常会有一个更加值得开发的隐形市场。

一般面向公众做广告，但若是面向目标市场常常会更加有效果。在电视上播放商业广告是建立品牌的好方式，但这不一定是销售一两栋投资住宅的有效方式。如果你正在推动一个全面的发展，电视广告很棒，但是这会花费太多销售一栋投资住宅的资金。

专家提示

好的广告是一份合同，烂广告则会是一场灾难。懂得如何使你的广告利润最大化是成为一名成功的投机住宅建造商的一个重要方面。如果你盲目地花费每周数百美元在当地报纸上做广告，你就是在浪费辛苦赚到的钱。潜在的购房者常阅读报纸上的广告，但是这些可能的买主并不总是最好打交道的，常常会有一个更加值得开发的隐形市场。

当你在广播、电视或者报纸上做广告的时候，你的广告花费直接与听、看或者阅读广告的人数有关。可能有上万人看到你的广告，但是有多少人需要你所卖的东西？你也不知道。你可以通过一定范围的人口统计来估计，例如读者或听者的年龄段，但是这与密切界定的观众相去甚远。

你认为什么是销售掉一或两栋投资住宅的最好方法？大多数的建造商会说要么是与经纪人一起给住宅挂牌要么是在当地的报纸上为正在销售的住宅做广告。两种方法都可以，但是我发现运用其他方法会获得更大的成功，让我给你举两个例子。

假如你作为建造原木住宅的建造商正在为自己树立知名度。一般情况下，原木住宅的需求量并不是很大，但是会有许多人想要购买原木住宅。这只是说，与购买普通住宅的一般民众相比他们的数量显得微不足道。在这种情况下，如果你在大众媒体上做广告，你应当把大量的金钱用在那些起导引作用的广告上。你的广告费用会以报纸的总发行量为基础，而不是以对你的新的原木住宅感兴趣的读者的数量为基础。这是一个好的方法吗？是的。

直接邮寄是到达目标市场的一个非常棒的方法。通过租用名单，你可以邮寄促销邮件给你正在寻找的满足你条件的购买者。例如，在你选择原木住宅购买者时什么是关键点呢？收入肯定是其中之一。如果你建造大住宅或者小住宅，家庭成员的数量可能是你选择名单的重点。一个五口之家不太可能购买你的拥有两个卧室的小屋。潜在的客户是否在过去表现出对原木住宅感兴趣？如果他们订购了关于原木住宅的杂志，邮寄名单公司会告诉你，你的潜在客户就是主要的目标。

如果你从有声誉的名单经纪人那租到了名字，你可以要求将所有满足你的标准类型的名字放到你的名单上。每一套标准都会增加名单的开销，但是这种花费很值得。我准备要购买的名单中的每个名字将花费我六美分的钱。我购买的名单会用压敏标签送到，并且以地址、收入以及生活在出租房屋中的状况来分类。这些名单的价格可以说是相当的划算。

> 专家提示：
>
> 直接邮寄是到达目标市场的一个非常棒的方法。通过租名单，你可以邮寄促销邮件给你正在寻找的适合你条件的购买者。

我所订购的名单将会被用来招揽首次置业者，这就是为什么我想要确保名单上的每一个人都居住在出租住宅中。这些人将不会有销售原有住宅的麻烦，因此我能够做一些快速的生意。

直接邮寄并不是击中目标的唯一方法。大多数的城镇和大城市都有专门针对特定市场的出版物。在我工作地点附近有几个军事基地，这个基地是住宅收入前景很好的来源。通过在服务于这个基地的小型报纸上做广告，我可以锁定我的广告所针对的客户，他们都有能力使用退伍军人管理局贷款（VA loan）。

如果我想进入在缅因州非常赚钱的州外市场，我可以在一些作为房地产广告载体的、很成功的、全国性的杂志上刊登广告。度假住宅和野营房在缅因州非常受欢迎，我可以在当地许多种类的户外杂志上刊登广告来寻找建设季节性的村舍和小屋的工作。

> 专家提示：
>
> 我所说的重点就是：只要你知道你想要卖房子给谁，就会有很多种好的方式可以将你的信息传递给他们。如果你只销售单一种类的投机住宅，不要将你的钱浪费在昂贵的大众媒体战上面。在纸媒上做广告是一个好主意，但是也不用做很昂贵的广告。花费在广告上的钱是你最大的一般性开支之一，因此请明智地投资。

我所说的重点就是：只要你知道你想要卖房子给谁，就会有很多种好的方式可以将你的信息传递给他们。如果你只销售单一种类的投资住宅，不要将你的钱浪费在昂贵的大众媒体战上面。在纸媒上做广告是一个好主意，但是也不用做很昂贵的广告。花费在广告上的钱是你最大的一般性开支之一，因此请明智地投资。

安全网

你是否会在一池饥饿的鳄鱼上方，在脚下没有安全网的情况下走钢丝？任何情况下我都不会这么做，但是总有一些冒死鬼会这么做。尽管投资建造住宅与在鳄鱼嘴上面走平衡钢丝并不相同，但是同样很危险。如果你期望作为一名投资住宅建造商，并且能够长期地生存下去，你就要对未知的且有可能会随时面临的状况做规划。

我已经几年没有建造投资住宅了。原因很简单：我有很多的签合同的工作要做，因此我就不需要冒投资建设的风险了。在我想要少些麻烦事而不去建造投资住宅的时候，我还是有时间的，但是建造合同住宅更加安全。

在我的投资住宅建造顶峰的时候，我有一个不寻常的但是很有效的安全网，我把将要购买投资住宅的投资商组建了一个群体。销售给投资商会打很大的折扣，但是5%的利润总比没有要好。

在我作为一名投资住宅建造商的前几年，我的安全网是建造每一个自己有意居住的投资住宅，至少是几个月。如果住宅销售得不快的话，我就会住进去直到卖出去。我使用的另一个策略就是，如果住宅销售得不好，我就为我的投资住宅做一个永久融资安排，将其作为出租住宅。如果一栋住宅停留在公开市场上花费我太多利息的话，我会选择一份30年的贷款然后将其出租出去。

在你投资建造的时候，并非必须有一份应急计划，但是你应该有。很多事情都可能出错，并且这种错误使建造商失去一栋房子的所有利润甚至成本，而且不需要多长时间。我强烈建议你至少要在头脑中为所建造的每一栋投资住宅存一份备份计划。否则，你的名声与财富的车票会被金融灾难变成单程旅行的车票。

色彩与部件

与投资住宅相关的色彩与部件通常需要建造商来选择，这也是一个风险。你喜欢的颜色也许现在的购买者并不欣赏；你感兴趣的一个品牌的地毯也许并不适合购买者。不到最后一分钟都不要做此类的决定。在你必须选择的事项中，确保你正在走一条中立的路线。

住宅屋顶与护墙板的颜色必须在早先的结构施工阶段就确定下来。室内涂料的颜色可以等寻找到买主后再确定，但通常是由投资住宅建造商来选择。选择一个不明确的颜色，例如白色、灰白色、乳白色等，不要选择很突出的颜色。同样，在客户安排好他们的资金之前要谨慎地让他们选择他们自己的颜色。

假设你的投资住宅的室内喷涂差不多已经完成了，而且有一对夫妇想要购买这栋住宅。他们想要一间卧室涂成粉红色，一间贴恐龙壁纸，其

> **专家提示**
>
> 与投机住宅相关的色彩与部件通常需要建造商来选择。这也是一个风险。你喜欢的颜色也许现在的购买者并不欣赏。你感兴趣的一个品牌的地毯也许并不适合购买者。不到最后一分钟都不要做此类的决定。在你必须选择的事项中，确保你正在走一条中立的路线。

他卧室涂上各式各样的特别颜色。当他们的贷款正在申请的时候，如果你遵循他们的意见给这个房子喷涂和贴墙纸，你可能会遇到麻烦了。假设他们的贷款请求被拒绝了呢？那么怎样处理一栋被客户自定义过颜色的投资住宅？这将更难销售出去。让客户自己选择颜色、楼地面铺装、管道装置，以及其他的项目都是很好的，但是你必须确保你的客户会最终购买。

我作为一名标准建造商的经验法则就是让客户自己挑选颜色和部件，并且在他们的贷款获批之前暂停施工。这会减慢整个进程，并且在我的规则之外也有一些例外，但是总的来说我还是坚持这一点。客户不喜欢你在他们的贷款获批之前暂停施工，但是你就要衡量一下风险了。如果你感觉客户选择的颜色和部件会被大多数的潜在购买者所接受，那么就继续施工。但是当你遇到有独特品味的客户，或者换句话说是古怪的客户时，就要停止用户自定义的做法，直到你认为这个交易会完成。

图7－4　可持续性的地板可以提供出色的性能（Natural Cork and More 提供）

图 7－5　投资建造住宅时厨房是一个关键的部分（Natural Cork and More 提供）

没有样板房时的销售

通过图纸和几张图片来销售住宅是一种技巧，它需要花费时间才能做得完美。许多人都不愿意购买还没有建造的住宅，但是有许多人喜欢按照自己的想法来自定义建造住宅，这就是你要寻求对话的人。如果你能吸引他们的注意，你就能够在没有展示住宅的情况下很快地完成住宅的销售工作。

不论是作为建造商还是经纪人，我都有许多销售住宅的经验。当我在只有图纸而其他一无所有的情况下开始销售住宅的时候，这项工作就被认为是“在土地上销售住宅”。我所销售的只是一个建筑地块、一个构想。最初我曾艰难地去尝试从规划阶段销售住宅，并且没有成功。然而，我没有放弃，并且最终我获得了我的第一份销售。

随着我的销售生涯与建筑事业的一同成长，当我尝试着做一份销售时，我会在心里记住什么是该做的，什么是不该做的。通过记录我的活动，我能够回顾我曾经做过什么并且要改进它，不久之后我就对销售图纸和新住宅的艺术相当的精通了。

为了定期地预售住宅，你要花费时间去学习如何去做。基本的销售技巧是必须的，但是这不足以完成这份工作。许多销售人员可以销售得很好，但是他们中很少能够始终如一地从图纸阶段到销售构想。如果你能够向足够多的人展示图纸并且提出足够多的计划，最终你会销售出去一些的。但是在这个过程中你会消耗掉大量的时间和金钱。你必须对每一笔销售都做统计。

图7－6　室内设计元素，例如拱券，能够有视觉吸引力，这会加速住宅销售（FrameGuard？　Mold－Resistant　Wood 提供）

基　础

市场上有很多教授销售基础的书，你应当去读一些。要知道需要说什么，怎么说，以及什么时候说，这是销售中的一大部分。有时候，更重要的是要知道什么时候停止说话开始倾听，我们将会在下面讨论一下。

我们不会对销售技术做全面的讲解，而且我也不是一个可以教你所有应该学习的知识的销售专家，但是你要读一些只教授销售技巧的书，做一些笔记，对比不同的作者的论述。你应当在你阅读的书籍中看到一种发展模式，成功销售背后的原理基本上都是相同的，无论你是销售保险、家庭装修，还是住宅。

只要你知道了如何使用传统销售技巧来增长你的业务，你就可以改进这些技术并且发展它们，使其适合你个人的需求。换句话说，你可以使用普通的销售方法并将其重塑来销售新的住宅。你的一些改进会来源于不断摸索所得的经验。每一次你错过一笔销售，你都要重组你的战略然后使自己成功。为了让你开始从图纸阶段销售住宅，我可以与你分享我在最近几年所学到的。

少说多听

当培训新的销售人员的时候，我常常会告诉他们做销售要少说多听。许多销售人员专业性地说很多，而且不去倾听他们的顾客想要什么，他们就是因为这样丢掉了许多的销售机会。想一想你最后一次购买小汽车或者卡车，是不是销售人员围着你跟你说一些微不足道的事情？在让你插进话去之前这个销售人员自己说了多久？是不是在这个会面中你想要这个多嘴的销售人员赶紧离开？

我刚刚购买了一辆新的吉普车，由于说话太多，那个销售人员差点就丢掉了这笔生意。当我走进汽车专卖店的时候，我知道我要购买一辆新的切诺基。我所想的根本就毋庸置疑，当我在看选选择的车辆时，一个销售人员走近我开始不停地说。他做的第一件事情就是劝说我购买一辆二手车。我不想购买一辆已经用过的车，并且告诉了他，但是他仍然向我推荐旧的吉普车，但这不会改变我的想法。然而，我简单地告诉了他我是来买一辆新车的，并且如果他能让我安安静静地来购买的话我会很感激的。他走了，并且我买到了吉普车。

多年来，我培养了不少销售人员。一些人受过培训后为我的住宅装修生意销售家庭装修业务。其他的被培训来销售只有土地的或已经建造的新住宅。作为我训练课程的一部分，在新成员刚刚开始的时候，我会与他们一起参加销售会。始终让我感到震惊，当他们应当倾听的时候却在说话，因此丢失了很多生意。

> 专家提示
>
> 当培训新的销售人员的时候，我常常会告诉他们做销售要少说多听。许多销售人员专业性地说很多，而且不去倾听他们的顾客想要什么，他们就是因为这样丢掉了许多的销售机会。

对你来说与客户交谈很有必要，但是你要知道什么时候说话以及什么时候倾听。

利用一些闲谈来打破沉默是很有必要的。你必须精通你的产品知识，并且能够作为你的销售会谈的项目将兴趣与恰当的事实组织在一起。但是在很多情况下，你需要保持安静，让你的客户解释他们想要什么。

如果你像许多销售人员一样，用刻板的兜售使你的客户感到厌烦，你就会疏远他们并且丢掉你的销售。坐在桌子前告诉一对年轻夫妇一栋可伸展的科德角住宅是多么好，是对刚刚建立家庭的他们的不尊重。众所周知，一对足够富裕的夫妇才会寻找一栋有六个卧室的殖民风格住宅来装下所有的孩子。如果你向他们推荐便宜的海角住宅，这个会谈也会很快变得让人生厌。

客户喜欢说话

大多数人都喜欢讲述他们需要在住宅中有一些什么。让他们说，并且将他们说的记录下来。如果一个人提到硬木地板，记下来。要仔细注意他们对你说的事情，随着你销售技巧的提高，你就会在其中做一些解读，判断夫妻中的哪一方在做决定的过程中更有影响力并不会花太长时间，你必须学会如何为了引起客户的兴趣而快速介入到他们之中。虽然你们可能不会成为终生朋友，但是如果你发展了友好的生意关系，你的销售会变得更加顺畅。

不要急于开始谈论你的客户想要建造的住宅的技术层面。你应该让时间掌握在你手上，先给客户热身。用你和你公司的事实来开始谈话会建立可信度和自信心，将这一类型的信息糅和到友好的会谈中要比一个接一个地说出事先排练好的话更加有效果；避免夸大你的成绩并且要紧贴事实。

如果你的客户想要彻底了解业务，就配合他们这么做，灵活变通一些。并不是所有的人都会谈论他们的狗、孩子，或者私人生活的其他方面。一些人喜欢说话直截了当，并且讨论他们新住宅的规格，因此让他们说。你要使你的客户感到舒服。

在销售会谈中你的第一个目标就是使你的潜在客户放心。打破沉默的一个方法是给你的客户一些住宅设计书让他们阅读；他们在浏览书的时候，你可以在背后谈论一些。不要在你的会谈中接电话而且避免你的办公室员工打断你们的谈

专家提示

大多数人都喜欢讲述他们需要在住宅中有一些什么。让他们说，并且将他们说的记录下来。如果一个人提到硬木地板，记下来。要仔细注意他们对你说的事情，随着你销售技巧的提高，你就会在其中做一些解读，判断夫妻中的哪一方在做决定的过程中更有影响力并不会花太长时间，你必须学会如何为了引起客户的兴趣而快速介入到他们之中。

话。要让那些客户感到舒服。

使人放松的最有效的一个方式就是在他们家中会谈，人们在熟悉的环境中总是更加容易放松。如果客户来到你的办公室，他们可能会感觉不自在。在客户家中会谈的另一个优点就是你可以看到他们的生活状态以及什么东西对于他们最重要。墙上的图片就会告诉你想要知道的信息，甚至是屋子里的家具都会带给你关于客户性格的暗示。尽可能使用你的优势来获得销售。

专注于生意

专注于为客户寻找一个定制式的住宅的生意并不困难。以询问他们喜欢什么类型的住宅以及他们想要多少数量的卧室和浴室作为开始。不要在一开始就谈论钱、参照住宅，或者施工水平。要用令人愉悦的方式与你的客户谈话。让他们放飞梦想的翅膀，然后你就可以边做谈边调整重点。

在你的客户结束描述他们的梦想家园的时候，他们应当会很兴奋并且能够接受你所说的话；这就是你要开始进入细节的时候。如果你有准备好的住宅规划，拿出最接近客户想要的那些。开始谈论一些例如门厅的瓷砖以及餐厅的墙纸和靠椅之类的细节。要强调你的住宅的特点。

当你在描述什么使得你的住宅与众不同并且更好时，运用照片作为视觉上的辅助。照片可以博得他人的信任。即使你没有建造过住宅，你也可以创建一本相册，这可以帮助你销售你的服务。如何来做？我会继续告诉你。

> 专家提示
>
> 当你在描述什么使得你的住宅与众不同并且更好时，运用照片作为视觉辅助。照片可以博得他人的信任。即使你没有建造过住宅，你也可以创建一本相册，这可以帮助你销售你的服务。

消费者对于感兴趣的事物变得越来越精明，你作为一名建造商需要熟悉你的业务的许多方面。许多人都对住宅结构的螺栓和螺母感兴趣，你就需要准备讨论一个宽泛的技术话题。大致描述一下你的住宅而避开谈论细节的日子已经过去了。这有助于你对信息了如指掌。当与资金有限的首次置业者打交道的时候，你应当建议他们将更多的钱花在未来的住宅中（并且创造了在未来几年的潜在销售）。例如，增加一个楼层会实质性地增加你的住宅的价值；增加一个家庭室或者改建一个地下室会收回你80%的花费；增加一个主卧室套件也会收回接近80%的花费，像这样的信息都会很容易地从国家住宅建造商协会以及国家住宅改造协会那里获得。

了解你所出售的产品。我没有在谈论那些结构中的螺栓和螺母——这些你已经知道了或者你也不感兴趣，我要谈论的是一些拥有住宅的经济优势。尤其是对于那些首次置业者，你需要让他们认识到拥有一栋住宅的经济优势——住宅所有者的税收优势：

· 花费在贷款上的利息是要在税中扣除的。

· 房地产税是可以扣除的。

· 银行收取的业主费用在某些情况下也可扣除。

· 低收入的购房者可以联系他们的州或者当地政府，如果他们纳税信用良好，可以抵消一部分贷款利息。

· 随着每一笔贷款的偿还，产权都会被加到住宅上面；也许在未来的某个时候，住宅产权贷款可以用作住宅的升级。

· 用纳税人的主要住所担保的高达10万美元的贷款的利息是可减免的。

· 当住宅被销售的时候，如果卖方在销售前五年中拥有此住宅两年的话，他们可以得到25万美元的资本所得税的免税；对于结婚的夫妇这个数目翻番（50万美元）。

正如你所看到的，有许多面向购房者的税收益处，你作为一名有知识的建造商，通过指点他们成为潜在购买者，可能会敲定这笔生意。

如果你建一本相册和一个装有一些结构材料的样品的道具箱的话，你就能很快给客户留下印象。我敢打赌大多数与客户交谈的建造商都不会这么深入地来做这笔生意。下面说说我是如何去做的。

当我与客户讨论细节的时候，我把相册拿出来。我向他们展示我所建造的住宅的照片，但是我专心于结构元件。零部件的特写照片都会吸引大多数购买者的注意力。我的相册包含各种各样的特写镜头。例如，我向客户展示一张我的木匠如何设计一个顶梁的照片；你可以在你的车库或者草坪上砌一小段墙，然后拍照，人们会假定那是你建造的住宅的一部分，无论它是或不是。

> 专家提示
>
> 如果你建一本相册和一个装有一些结构材料的样品的道具箱的话，你就能很快给客户留下印象。我敢打赌大多数与客户交谈的建造商都不会这么深入地来做这笔生意。

部件供应商和制造商都愿意提供给建造商宣传手册和照片。向你的客户展示你可以安装在他们的新住宅中的橱柜结构的细节特写照片，指出金属导轨和滑轮将会使抽屉更平滑，在时间允许的情况下多讲一些品质好的结构细节。

当给你的客户看物品时，拿出你的道具箱。拿起一个金属托梁衣架并且解释细节是什么，它如何工作，以及为什么它会有如此结实的结构。接下来，拿出一个电线插座并且展示给客户你的电线为何只使用铜线，并且电线如何安装在螺钉下面会保证接线更好更安全。展示给客户安装电线插座开关的正确与错误的方法，并且解释不正确安装的危险，因为如果电线没有安装在螺钉下面的话有时候会脱落。不要贬低你的竞争对手，但是要让客户知道你懂得如何按照正确的方法做事情。继续这种类型的展示和解说直到你感觉你的客户已经对他们所受的教育感到厌倦。

你要在手头上有足够的产品目录和宣传手册以便向客户展示。当你在销售一个还不存在的住宅的时候，从中产生的想法会成为销售会谈的一个重要部分，查看产品目录是让你的客户保持一定激情的好方法。

一旦你说服了客户你是世界上最好的建造商，给他们看一些结合到你的住宅中最重要部件的易懂的项目符号清单。列出能源效率，延长保修期（如果你提供的话，而且你也应当提供），以及任何其他的特殊优点。不要停止销售——但要知道什么时候应该停止。

当你感觉客户对你有信心的时候，就可以停止展示了。也许你会给你的客户一支铅笔让他们画出一套平面，这样就能看出他们的修改想法。如果在你的电脑中有CAD软件的话，用它来帮助你的客户画出他们想要的草图。把一些纸放在他们手里。你所要销售的就是你的话和一些图纸，要充分地利用你所借助的工具。

如果你们的会谈进行的顺利，你应当切入到谈论资金和融资的重点。你应当安排第二次的会谈来讨论融资细节问题。但如果你正在销售已经定价了的股票计划或期权的话，就要抓住这个时机推进你们的商谈。在这些情况下你的目标就是在你的竞争对手之前与你的客户签订合同。

真的有可能在仅仅一次会谈之后就将一栋还没有建造的住宅销售出去吗？当然可能，我已经做过很多次了。一些人会想要在签订协议之前与他们的父母或者律师交谈，一些人也许会想想你的建议，但是一定比例的客户将会当场签下合同。不要害怕去寻求销售，你如果不要求别人从你这里购买的话，你就不会有好的销售业绩。

关键要素

让我们复习一下涉及从图纸阶段开始销售的关键因素。首先，让你的客户感到舒服，让他们对想象的住宅感到兴奋。运用视觉辅助增加客户的印象。记住要仔细去听你的客户说了些什么，无论如何都要让他们说。将你的销售展示糅合到普通的对话之中，不要使用预先准备好的讲解，这会使你听上去像是一名电话推销员。强调你的重点并且不要指责你的竞争对手，说一些建造商如何如何是可以的，但是不要指名道姓，这会使你看上去很坏并且有可能让人绝望。在任何时候都要确保能够控制你们的会谈，但是要用委婉的方式去表达。最后，但并不止这些，请求客户在离开之前与你达成协议。

专家提示

让我们复习一下涉及到从图纸阶段开始销售的关键因素。首先，让你的客户感到舒服。让他们对想象的住宅感到兴奋。运用视觉辅助增加客户的印象。记住要仔细去听你的客户说了些什么，无论如何都要让他们说。将你的销售展示揉合到普通的对话之中，不要使用预先准备好的讲解，这会使你听上去像是一名电话推销员。强调你的重点并且不要指责你的竞争对手，说一些建造商如何如何是可以的，但是不要指名道姓，这会使你看上去很坏并且有可能让人绝望。在任何时候都要确保能够控制你们的会谈，但是要用委婉的方式去表达。最后，但是不止这些，请求客户在离开之前与你达成协议。

我已经不能记起在我的卡车引擎盖上和餐桌上面销售过多少栋住宅了，我知道那肯定很多。通常，如果我能够让客户与我进行至少两个小时的销售会谈，我就能够获得这笔生意。并不总是在当场，但是在会谈结束之前我通常都会赢。一般需要进行三次或更多的会谈以敲定足够多的细节来完成交易，所以要耐心。另外，不要假设只要进行一系列强制性的会谈就能销售出去。从一开始就温柔地做销售，并且不要停止推销自己。

对你来说需要花费一定的时间来完善适合你的个人风格。一旦你掌握了“在土地上”销售住宅的窍门，你就会成为在你这一领域最成功的建造商。如果你不喜欢销售，那就雇佣能够帮你销售的员工来做。没有销售你就没有生意。

第八章　与房地产经纪人合作

与房地产经济人合作是建造商争论的一个主题。一些建造商非常信赖经纪人，而另一些则不相信经纪人。一个好的经纪人可以真正地帮助你，但是一个没有能力的经纪人也会让你破产。无论你是从土地阶段开始销售还是销售投资住宅，你都需要完善一份适合你生意的计划。什么是销售住宅的最好方法并没有明确的答案。不同的建造商、不同的销售情况都会有一定程度的不同。

房地产代理商有两种基本类型；他们都以代销的方式工作，在销售完成后收取费用。第一组代表着销售者，就是你，建造商；第二组代表着购买者。作为"经纪人"的房地产代理商处理销售时代表的是购买者或者销售者，但是不会同时代表双方，他们的职责就是为了客户，要么是购买者要么是销售者，这是要记住的重要的一点。在房地产专业中有一些分工：一些专注于集合住宅；另一些集中做商业地产。有一些则是全才：被授权销售所有类型房地产的人。如果你努力寻找，你就会发现一个新建筑专家。他们在主要的住宅市场领域比较容易找到，但是在乡村地区以及新建设量不大的地区就很困难了。

作为一名建造商，当你决定要销售住宅的时候，你会有很多的选择。如果你有时间、才干以及愿望，你可以自己做销售。一些建造商组建公司内部的销售人员来销售住宅，而其他建造商会聘用经纪人。这三种方法哪一种适合你？

> 专家提示
>
> 房地产代理商有两种基本类型；他们都以代销的方式工作，在销售完成后收取费用。第一组代表着销售者，就是你，建造商；第二组代表着购买者。

我在建筑行业中已经用了很长时间来试验这三种销售方式。我个人的销售业绩是很明显的，但是当我的建筑量很大时，我就没有时间来亲自销售所有的住宅了。使用房地产代理商来为我销售会获得有限的成功，但是根据我的情况这是最没有效果的方法。当我组建了公司内部的销售团队的时候，会在建设量很大的情况下看到很好的效果。为了明确你的需求，让我们更详细地来研究一下这三种方式。

亲自销售

当你建造了一栋住宅并且可以亲自销售的时候，你可以更好地控制销售并且可以省去支付给代理商的费用。这一工作适合于那些拥有销售技巧以及住宅建设量很小的建造商，他们能够在建造商与销售专家两个角色中保持积极的面貌。不幸的是，许多建造商并不具备良好的销售技巧。这些技巧可以学习，并且我认为每一名建造商都应具备最基本的销售能力。

销售自己的住宅最大的优点之一就是你知道承诺给客户什么了。我有一个房地产代理商为了达成买卖做过天花乱坠的承诺，这就会让不想辜负客户期望的建造商很难办。如果你自己做销售，至少你知道为了做成这笔销售，你应当额外提供哪些东西。

假设你已经知道如何销售或者是正想去学习，我认为一名刚刚起步的建造商应当尝试着自己做销售；这会让你接触到购买者，并且会给你更加开阔的视野来了解潜在的客户在寻找什么样的住宅。

建造商在销售的最好方式上有不同的看法。我可以告诉你我的个人经验并且可以分享收集到的其他建造商的经验，但是我不能告诉你什么对你来说是最好的。你必须在作出决定前分析所有可利用的数据，如果你对销售不感兴趣，就不要尝试着销售自己的住宅了。

公司内部销售

对于大多数新的建造商来说，公司内部拥有销售员工比较困难。销售人员的开支以及你希望他们创造的销量都会给一个刚入行的建造商带来更多的麻烦而不是价值。当你的建筑事业良好地运转起来之后，拥有公司内部销售人员就会很值得了。但是大多数的建造商都要成长到一定的水平，那时拥有正式的销售人员才会有意义。

公司内部销售人员有时候是要按照小时付费的，就像木匠一样，但这是一个很难得的补偿方式。许多一流的建造商都有他们私人的，只支付奖金的销售员工。如果销售人员没有销售，他们就不会有报酬。这种形式的安排很理想，但是并不适于小型的建造商。

只付奖金的销售人员需要销售出去很多住宅才能获得很好的生活水平，他们也需要很快地完成销售才能得到收入，专业销售员通常要等到住宅建成并且财产交付完成后才能获得报酬。小型建造商通常没有能力提供足够量的或者足够快的周转时间来吸引一流的只付奖金的销售人员。

这让小型建造商选择工资支付而不是奖金支付。技术上来说销售员工收取佣金，但是直到住宅销售完成，他们会接受底薪来赚取一些收入。这就要求建造商要在销售完成之前承担底薪的开支，并且如果你的预算很紧，你就有可能无法在销售人员销售出住宅之前支付给他们薪水，问题就在于此。

房地产代理商

如果你自己不能很好地销售住宅，并且你没有富有经验的销售员工，那该怎么办呢？独立的代理商和经纪人仍然是解决办法。利用经纪人可以给建造商带来一些好处。一个就是在住宅建好、销售完成之前不会花费任何费用来代理你的住宅。然而，使用代理商也有一些缺点，下面让我们列举一下使用房地产代理商销售住宅的优点和缺点。

> 专家提示：
>
> 如果你自己不能很好地销售住宅，并且你没有富有经验的销售员工，那该怎么办呢？独立的代理商和经纪人仍然是解决办法。利用经纪人可以给建造商带来一些好处。

房地产“代理商”与房地产“经纪人”的地位通常可以交替，并且从某些角度来看，他们都可以起到相同的作用；然而，代理商的州许可证测验通常要比经纪人的测验要简单。并且在一些州，经纪人必须拥有一些为公司销售房地产的工作经验。专有名词“Realtor”就是用来标识国家房地产经纪人协会成员的。

> 专家提示：
>
> 房地产“代理商”与房地产“经纪人”的地位通常可以交替，并且从某些角度来看，他们都可以起到相同的作用；然而，代理商的州许可证测验通常要比经纪人的测验要简单。并且在一些州，经纪人必须拥有一些为公司销售房地产的工作经验。专有名词“Realtor”就是用来标识国家房地产经纪人协会成员的。

购买者代理商

正如你所理解的，购买者代理商代表着购买者而不是销售者；你作为一名建造商也许不需要一名代理商，但是你可以很好地与他或她做生意。如果代理商有一位想要建造新住宅的客户，她也许会联系你，让你为你的服务提供报价以及提案。要记住与你合作的代理商或者经纪人代表着购买者的利益的。

购买者经纪人的费用可以由购买者或者销售者提供，这是困扰很多人的一点。许多人都认为，因为购买者代理商是为购买者服务的，所以他们应当由购买者提供费用，并不总是这样的。如果经纪人的客户想要和你做生意，也许购买合同中作为条款的一部分会规定支付经纪人费用是你的责任。这并不一定是坏事，但你应当明白引起注意。

大多数的建造商都会在住宅售价中包括房地产代理费用。如果用了经纪人，是要支付花费的，然而自己销售住宅的建造商就会获得这部分额外的利润。在我看来，向购买者经纪人支付合理的佣金来获得交易是很值得的。这是一笔你在其他情况下得不到的交易。以上讨论足以让你理解你可能被要求支付购买者经纪人费用，因此要在经纪人或者购买者向你提出的报价中寻找细则。

买卖权的行使

授予人__________，作为被授予人，在买方__________，与卖方__________，为了达成名为__________的房地产销售而行使买卖权的协议是我自己的意愿，日期__________。

此交易的第三方代理商是：

名称

地址

电话

第三方代理费用是　　（$　）并且此费用由　　支付。

授予人　　日期　　被授予人　　日期

授予人　　日期　　被授予人　　日期

图 8－1　买卖合同范例

销售者代理商

销售者经纪人是房地产销售人员最普遍的一种类型，它们是为销售者工作并且与购买者打交道的传统经纪人。如果你成为建造商已经有一段时间了，销售商经纪人很有可能会与你联系让你对你的住宅做个上市清单。

将你的住宅清单给经纪人是个好主意吗？是的，但这也会将你置于一个困难的境地。如果你将一栋住宅的清单交给一名富有经验并且有进取心的经纪人，也许你会在几天之后就能见到一份合同。但是如果这个经纪人毫无经验或者并不积极地销售正在建设中的住宅的话，你的住宅就会在交易市场上停留数月并且没有任何销售迹象。如果你想要避免所有头疼的事情的话，应当灵活但是正确地选择代理商。

一些房地产销售人员为了达成交易会通过误导事实的方式来进行销售。他们不会向客户说谎，但是他们会稍微夸大事实或者在没有事先联系建造商的情况下就做出承诺。他们会让事情听起来要比真实的情况更好一些，运用这种方法的经纪人会使你的工作极其的不愉快，你会发现客户向你抱怨他们的住宅并不是按照他们所期待的那样建造的。能够使客户满意就是你的工作了，或者就接受客户给你的不良声誉吧。我也经历过这样的情况，而且我知道这会是多么的痛苦。实际上，我可以给你举一些我与独立经纪人打交道的例子。

我记得有一位经纪人销售我的一栋住宅，他告诉客户价格中包括一台洗碗机。住宅的单子上是包含一台洗碗机，但是仅仅是作为一个附加选项。当这个定制的住宅建成之后，一个违反合同规定的戏剧也建成了，客户向我的工地主管抱怨没有洗碗机。在深入调查之后，我知道了所发生的一切，我宁愿为客户安装一台洗碗机，也不想客户对我的公司有不良印象；而且我不会再让那个经纪人为我销售任何住宅了。我承认，为了一个良好的合同一台洗碗机是一个公平的交易，但是做这笔交易之前他应当与我商量。

我还有另外一个经纪人承诺给客户说，我的工人可以帮助他们在新住宅中拆卸和安装旧的洗衣机和烘干机，突然间我的工地主管就成了搬运工，你想想看吧。

专家提示

将你的住宅上市给销售者经纪人是一个好的经验，但是关键是要找到正确的代理商或者经纪人以及最好的佣金。像这样做，你必须多了解一些关于房地产的规则。

我这样的故事还有很多，并且我可以告诉你，一些销售人员在他们为了完成交易而开始向顾客承诺事情并且没有首先向你核实的情况下，会给你制造许多麻烦。

将你的住宅上市给销售者经纪人是一个好的经验，但是关键是要找到正确的代理商或者经纪人以及最好的佣金。像这样做，你必须多了解一些关于房地产的规则。

大型房地产公司

大型的房地产公司有他们的优势。全国性的特许经营会带来很多的工作，并且他们经常会产生巨大的前景。你也许会认为将你的住宅上市给这些大的经纪人比那些小的当地的公司要好，其实并不总是这样的。实际上，有时候反过来才是正确的。

毫无疑问，拥有一个家喻户晓的名字是房地产业的一个优势。当我想到最近的电视广告时，一些特许经营名称就会立刻浮现脑海。如果我做了一个长距离的迁移，我会非常愿意与一个全国性的经纪人公司接触来让其帮助我找到我的新住宅，但是对于建造商来说，大型公司并不总是比小公司做得更好。

当你将你的住宅上市给一家大型房地产公司时，你的住宅在他的推销清单中有可能位列300名之后，并且得到的个人的关注会比在小公司少。将你的住宅上市给一家只有一人的房地产公司会获得更多的注意力以及广告。它只需要一名经纪人去销售你的住宅。你不需要将其上市给一家军队代理商来得到结果。你所需要做的就是寻找到正确的代理商、经纪人与公司联合体。

> 专家提示
>
> 当你将你的住宅上市给一家大型房地产公司时，你的住宅有可能仅仅位列300名之后，并且得到的个人关注会比小公司少。将你的住宅上市给一家只有一人的房地产公司会获得更多的注意力以及广告。它只需要一名经纪人去销售你的住宅。你不需要将其上市给一家军队代理商来得到结果。你所需要做的就是寻找到正确的代理商、经纪人与公司联合体。

询问

在你同意将你的住宅上市给一名经纪人之前，要询问许多的问题。在过去的90天中这家公司销售了多少栋新建住宅？如果这家公司销售量不大，很有可能就不适合你了。从销售图纸和毛坯住宅到销售一栋完整的住宅需要不同类型的销售人才，你需要上市给那些有同种类型住宅销售经验的人。有许多的经纪人可以选择，因此在你找到最合适的人之前要不停地寻找。

经纪人佣金协议

如果______，作为__________代理商的经纪人达成了销售我的名称为________的住宅的销售合同，并且房产成功销售，此房地产代理商应当接受等同于最终销售价格____%的工银。此房产的上市价格为____（美元）。此佣金协议将在____与____之间有效。销售者同意如果房产在六个月之内销售给由经纪人与销售者正式确认的预期购买者，经纪人应当享有上述佣金。此协议不适用于销售者将该房产专属授权给房地产经纪人的情况。

销售者	日期	经纪人	日期
销售者	日期		

图8－2 与房地产经纪人订立的佣金合同范例

需要询问的其他问题是：你的住宅广告频率是多少？它会处于上市的显著位置吗？将会使用什么媒体来宣传你的住宅？要询问这些问题并且得到答案。如果答案不是你想要听到的，就继续寻找另一个经纪人。

你会签署什么类型的上市销售？一个公开上市销售将允许任何人销售你的住宅。从某一角度来说这是个好事，但是换个角度就不好了。好处就是你将不需要支付佣金并且自己自由销售住宅，但是因为大多数经纪人不会为公开上市的住宅做广告，并且由于佣金可能会被另一家代理商抢走，他们不大会积极地寻找销路。

依我看，找一个代理商上市销售是建造商最好的选择。这种类型的上市销售会给经纪人一个专有的上市协议来保护公司。除了你和你公司内部销售员工之外，只有上市销售代理商会有销售的权利。如果你自己销售了住宅，你就不需要支付佣金。如果另一个代理商带来了客户，这家上市销售代理商就会得到部分的佣金，通常是一半。这种类型的上市销售能给经纪人提供贸易保护，并且会让你在不支付费用的情况下自由地销售住宅。

大多数代理商都会提供一种完全上市销售。经纪人拥有不允许其他人销售的权利，连你也不可以卖自己的房子。这种销售的优点是经纪人会非常努力地工作去达成交易，但这不经常出现。如果我是你，我就坚持使用代理商上市销售，这样我也可以不用付费销售自己的房子。

不管你选择了什么类型的上市销售，要确保你明白了所有的条款和条件。完整地进行阅读，甚至是样板文件，并且在完成的时候，如果你有任何问题，不要犹豫寻找答案。例如，上市销售将会运行多久？其中的大多数会是四到六个月，一些会短一点一些会长一点。如果你不满意其服务是否可以随时终止上市销售？如果你在早期终止了上市销售，是否需要支付终止费用？询问这些问题，选择一个不需要支付罚金就能随时解除的上市销售服务。

佣金

你同意支付给经纪人的佣金完全由你们双方来定，有可能是3%到10%。新住宅通常支付给经纪人5%，但是6%或者7%也是很常见的，更高或者更低的佣金就很少见了。通常没有规定支付佣金数量多少的标准，但是当地房地产协会对所有的成员公司规定费用标准后，如果有人违背了规定的费用标准都会被开除出协会。因此要询问一下费用，这有可能是可以协商的。

> 专家提示
>
> 你同意支付给经纪人的佣金完全由你们双方来定，有可能是3%到10%。新住宅通常支付给经纪人5%，但是6%或者7%也是很常见的，更高或者更低的佣金就很少见了。通常没有规定支付佣金数量多少的标准，但是当地房地产协会对所有的成员公司规定费用标准，如果有人违背了规定的费用标准都会被开除出协会。因此要询问一下费用；这有可能是可以协商的。

当你在核查一个经纪人时，看一看他们公司内部上市销售的住宅有多少被他们自己的员工销售出去，以及他们的上市销售住宅平均会在市场上停留多长时间，一个销售自己的上市销售住宅的经纪人应是一个好的合作者。

专家提示

当你在核查一个经纪人时，看一看他们公司内部上市销售的住宅有多少被他们自己的员工销售出去，以及他们的上市销售住宅平均会在市场停留多长时间。一个销售自己的上市销售住宅的经纪人应是一个好的合作者。

多重上市服务（MLS）

大多数的房地产经纪人都属于某种类型的多重上市服务（MLS）。加入多重上市服务并不是强制性的，并且一个经纪人在没有多重上市服务利益的情况下可以有效率地销售，但是如果你与使用多重上市服务系统的经纪人合作会更好。当经纪人将你的住宅在多重上市服务系统中上市销售时，其他的房地产公司会接收到这个上市销售信息。这会减少住宅在市场上停留的时间。你要想快速地销售，就要寻找你所能找到的所有的优势。

专家提示

大多数的房地产经纪人都属于某种类型的多重上市服务（MLS）。加入多重上市服务并不是强制性的，并且一个经纪人在没有多重上市服务利益的情况下可以有效率地销售，但是如果你与使用多重上市服务系统的经纪人合作会更好。当经纪人将你的住宅在多上市服务系统中上市销售时，其他的房地产公司会接收到这个上市销售信息。

从事繁重工作

经纪人为建造商从事繁重的工作。经纪人为房子做广告，当有电话打进的时候，经纪人要处理他们，晚上外出去展示住宅是一个优秀的经纪人要承担的责任。你，作为建造商，仅仅是等着经纪人为你带来一分购买协议。一名优秀的经纪人应当预先确定可能的买主，获得金融支持，并且在你与客户之间作为缓冲。当这个系统运行良好的时候，经纪人是一个有力的资源，但是当这个系统停止工作时，不要根据一个代理商的行为来判断整个产业。

大多数的建造商，尤其是不擅长销售的新建造商，应当将他们的住宅在经纪人那里上市销售。虽然你这样做可能会碰到一些问题，但是如果你做了很多工作去选择一个理想的经纪人，所得到的好处就会远远超过这些问题了。

专家提示

大多数的建造商，尤其是不擅长销售的新建造商，应当将他们的住宅在经纪人那里上市销售。虽然你这样做可能会碰到一些问题，但是如果你做了很多工作去选择一个理想的经纪人，所得到的好处就会远远超过这些问题了。

第九章　绿色建筑部件的寻找与选择

当你投资进入可持续性建筑行业时，你就需要将绿色建筑部件组合进你的工程之中。没有绿色部件能够成为一名好的绿色建造商吗？如果你刚刚涉足建筑业，这对你来说也许不是挑战。然而，如果你像我一样是个老手，就可以尝试一下这个转变。不要悲观，寻找和选择绿色建筑部件并不是一个噩梦，实际上，还是相当容易的。你有什么选择呢？有很多。让我列出一些帮你迅速地考虑一下：

· 网络在线寻找；

· 印刷指南；

· 组织机构；

· 网上论坛；

· 在线新闻组；

· 制造商；

· 供应商；

· 综合系统。

这仅仅是用可持续的材料全副武装你的建筑的众多方法中的一部分。

 使用电脑

使用电脑来查询你正在寻找的东西也许是最快最有效的方法，并且使你了解绿色建筑材料的新世界。无可置疑在线搜索是完成工作的关键方法，然而，我们之中也有仍然喜欢纸质的而不是数字化的人。

> 专家提示
>
> 假设你是懂电脑的，你了解搜索字符串与搜索引擎。这些服务将会配合你立刻链接到绿色部件和供应商。很明显的，这是启动你的绿色部件教育的最快方法。

上了年纪的建造商有时会抵触使用电脑，最好，他们有专门的人来为他们寻找绿色部件。对于一些建造商来说，这是一个选择，但是如果你不与最新的事件保持同步的话，你就会被排除在对话之外，在建筑业中开始使用电脑同样是正确的。仅仅是因为不依靠电脑数据你已

经建造了 20 年住宅，但这并不意味着不用高速的网络连接你仍可以进入到绿色建筑世界之中。

我仍然记得在我的生意中用的第一台电脑。不论你相信不相信，它是一台 Commodore64 电脑。是的，我是一个老古董。当我的妻子要奋力争取它时，我和她吵架了。幸运的是，她赢了，我改变了主意。回顾过去 20 年的时光，我十分幸庆我在很早之前就学习使用了电脑。即使这样，还有一些人根本就不会进入在线社区。

假设你是懂电脑的，你了解搜索字符串与搜索引擎。这些服务将会配合你立刻链接到绿色部件和供应商。很明显的，这是启动你的绿色部件教育的最快方法。

将一些文字敲到搜索引擎中会得到大概的结果。当得到它们之后你将会怎么做？知道有哪些部件与了解这些部件完全是两码事，让我们来看一个我在做的例子。

图 9－1　地板为成为绿色建筑提供了良好的选择（Natural Cork and More 提供）

我最近做的工程之一涉及竹地板的安装，我与我固定的地板供应商和安装商合作完成这一工作。但是，如果我对可持续性部件仅是刚刚了解，那么我应当如何去做呢？我应当勤奋地做研究，然后获得专家的帮助。那么我要如何来进行研究呢？个人来讲，我会和当地供应商一样查阅互联网和印刷品资源。我希望在投决定性的一票之前我有更多的选择。

假设你对环境友好型建筑部件并不了解，但你有一个客户对竹地板感兴趣，并且你将在下周与客户有一个会谈，那么你该如何赶上当下的潮流？如果你使用网络，你就会找到一些有力的谈话要点。比如，我可以做一个快速的搜索，找出足够的信息使我说的话听上去好像我对这些很了解，尽管并不是这样的。那么让我列出一些我所发现的可以运用于与客户交谈的谈话要点。

· 安装区域必须维持至少 10 天的正常居住温度以及湿度水平。

· 地板材料必须维持至少 10 天的正常居住温度以及湿度水平。

· 安装中要用到的任何黏合剂都必须维持至少 10 天的正常居住温度以及湿度水平。

· 室内温度在 60 ~ 70 华氏度（15 ~ 21 摄氏度）的时候是最合适的。

· 相关湿度应当在 40% ~60% 之间的理想范围。

· 室内温度的最大范围应当介于 50 ~ 80 华氏度（10 ~ 27 摄氏度）。

· 湿度的最大范围应该维持在 35% ~65%。

· 可以用加湿器和除湿器来维持合适的湿度范围。

· 当使用制造商推荐的维护方法时，竹地板的寿命是 20 年。

· 地板材料可能会发生颜色的改变。

· 地板的边缘会用斜角边做舌槽。

当然我可以继续写下去，但是你要领会要点。我还能提供很多的信息，我能保证在不到一个小时的时间能准备好与顾客的谈话。然而，说话并不像走路一样，也需要偶尔撒个谎，但是你要有支持谎言的知识。简单地说，不要欺骗你的客户。我可以打赌他们当中的很多人都做了很多的功课，也许比你还多。

将展示书籍都摆放在一起会让销售变得容易，将销售变成成功的建筑工程需要很多的知识。幸运的是，基本上都是免费的，并且可以在网络上获得。花点时间从多种途径来学习可持续性建筑，并记住你所学到的。

图 9－2　在安装前研究绿色部件是在绿色建筑领域成功的关键

（Superior Walls of America 公司提供）

创建研究图书馆

创建一个你自己的研究图书馆可以使你在这个领域中成为专家，这可以在电脑或者纸上完成。我更喜欢纸上的，但是其他人更喜欢电子数据。保存一个目录结构是很有价值的，但是我喜欢走到一个书架面前将我的手放在那些信息上面。如何寻找、存储以及阅览你的研究材料是个人选择，关键是要去做。

在线研究并且保存获得的数据。我经常打印出那些研究资料并且将它们保存到合适的活页文件夹中以备将来所需。一些建造商会保存电子版文件。在我的个人系统中，研究要按种类分组和存储，作为未来的参考资料。如果客户想要了解屋顶材料，我就有一个专门的活页文件夹；当谈论到低用水量的管道装置时，我也有一个专门的活页文件夹。我不仅是拥有这些资料；我也学习并且吸收了材料的知识，这使我在谈论可持续性建筑实践和材料时更加博学。

> **专家提示**
>
> 部件供应商很愿意提供他们在市场上的部件的免费资料。与当地的供应商进行协作，毕竟，他们最愿意人们来购买。观察一下什么销售得最好，他们都很愿意告诉你；索要一些宣传册、安装说明、网址等，所有这些信息都可以放进你的个人图书馆。

部件供应商很愿意提供他们在市场上的部件的免费资料。与当地的供应商进行协作，毕竟，他们最愿意人们来购买。观察一下什么销售得最好，他们都很愿意告诉你；索要一些宣传册、安装说明、网址等，所有这些信息都可以放进你的个人图书馆。

书　籍

我所知道的很多知识都是从书籍中获得的，并且我仍在继续从中学习知识。一些人认为书本将会像恐龙一样消失（例如我），但是我相信可被触摸的有形文字、可以翻阅的书页、作为书签的纸的折痕和门制器总会有需求的。书籍可以做到并且可以做到更多。

在迅速发展的绿色建筑业中书籍没有任何缺点，逛一逛书店或者浏览网上书店你都会看到有大量的可供选择的关于可持续性工程的书。书籍的重要性不言而喻。你可以花很少的钱从经验、失败、投资以及专家的奖励中学到东西。简要来说，对比花费与回报，书籍是非常值得的。我最欣赏的书是第七版的《绿色标准指南》（*Greenspec Directory*），由建造绿色（BuildingGreen）公司出版，提供了很全的绿色产业的信息，这本书并不便宜，但是很值。

组织机构

组织机构通常是可靠信息的良好来源，绿色产业也不例外。在线搜索就会显示出许多为可持续性建造商而成立的组织机构。传统的组织例如国家住宅建造商协会，也是新的建筑趋势的强大的资源来源。

> 专家提示
>
> 组织机构通常是可靠信息的良好来源，绿色产业也不例外。在线搜索就会显示出许多为可持续性建造商而成立的组织机构。传统的组织例如国家住宅建造商协会，也是新的建筑趋势的强大的资源来源。

寻找一下当地的组织并且看看你能加入哪些。如果你生活在一个没有强大基础建筑群体的小社区中，可以考虑加入远距离的组织。大多数的团体都提供日常邮寄以及升级服务，来保证你在这个产业中不会落伍。有时候会费是一种障碍，但是通常利益会比花费更有价值。

供应商

供应商是你可持续性建筑实践的合作者，并不是所有的供应商都会加入到绿色运动中，但大部分是。作为一名绿色建造商，你需要绿色供应商。客户常常想要看到他们都购买了什么，供应商提供展厅对于让客户感受已经建好的住宅会很有帮助。去找到并调查绿色建筑材料的供应商，决定你要和哪一个进行合作。

只要你知道了哪个供应商适合你的需求，那么就让他为你服务吧。这将会花一定的时间，并且时间就是金钱，但是这与客户很有关系。你应该去会见供应商的代表，如果需要的话，与他们共进午餐，在销售人员上多花点时间，让他们了解你。建立一个稳固的关系，使它在你的潜在客户到供应商那里去选择建筑材料时表现出来。

当你想到供应商的时候，不要将自己限制在木料场中，一些后来成为建造商的木匠就陷入到这个陷阱之中。不要放弃，花时间跟你的工程中将会用到的所有材料的供应商进行会谈，这其中包括管道、供热和电气供应商以及室内部件例如照明装置的供应商等。

图 9 – 3　节水管道装置应当用于可持续性住宅中（Zurn Industries 公司提供）

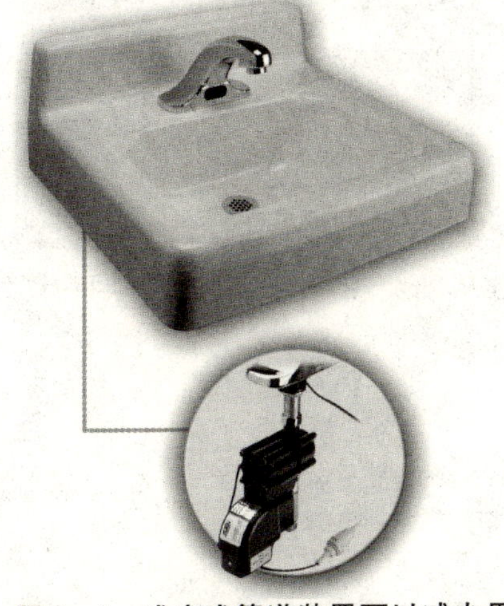

图 9 – 4　感应式管道装置可以减少用水量以及浪费（Zurn Industries 公司提供）

图 9 – 5　卫生间的新技术可以最大限度地利用水资源（Zurn Industries 公司提供）

分包商

几乎所有的建造商都会在新工程中使用分包商。虽然你已经进入到绿色建筑之中，但是并不意味着你的分包商也进入了，所以当涉及客户的满意度时这就会是一个问题了。很难寻找到有声誉的、可靠的分包商，尤其找到有绿色资质的分包商更是难上加难。作为一名建造商，你有责任向你的客户提供合适的分包商。一定要正确选择，否则你会遗憾。

在你拥有一个确定的绿色建筑合同之后，将分包商召集过来开个会，与分包商会谈，看看他们知道什么以及他们与谁合作。他们会增强你的形象还是会破坏你的形象？不要与不合适的分包商进行合作，他会把你拖下水的。

> 专家提示
>
> 如果你想找一个简单的方法，就考虑一下综合系统。这些系统是很新的类型，但是它们已经开始流行了。我知道有一名建造商开发了一个使传统建造商几乎一夜时间就能成为绿色建造商的计划。事实上这个建造商创造了一个系统，并使它完善到这样一种程度，即只要按照一种被证明的方法去做，任何建造商都可以成为有责任感的可持续的建造商。这大大减少了你在这方面需要做出的研究和努力。

综合系统

如果你想找一个简单的方法，就考虑一下综合系统。这些系统是很新的类型，但是它们已经开始流行了。我知道有一名建造商开发了一个使传统建造商几乎一夜时间就能成为绿色建造商的计划。事实上这个建造商创造了一个系统，并使它完善到这样一种程度，即只要按照一种被证明的方法去做，任何建造商都可以成为有责任感的可持续的建造商。这大大减少了你在这方面需要做出的研究和努力。整合的项目计划的准入成本会很高，但回报会是巨大的。这个值得考虑。

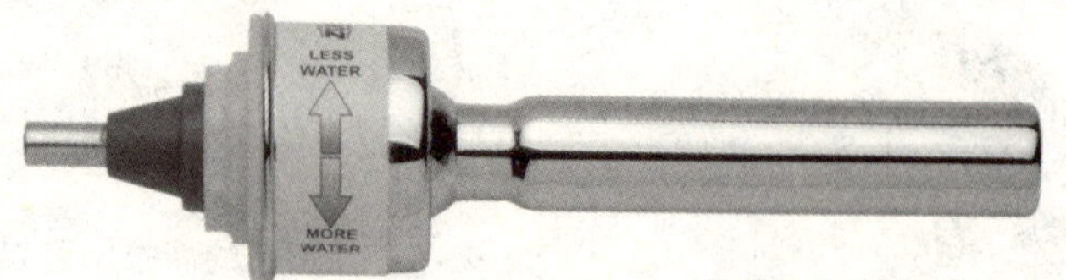

图9－6　直接控制可以在建筑中出色地控制水流（Zurn Industries 公司提供）

 材料和系统种类

有许多类型的材料可以用于可持续性建筑。下面列出了一些应该考虑到的类型：

· 垃圾管理；

· 空气质量；

· 绿色建筑材料；

· 二手建筑材料；

· 合格木质材料；

· 能源节约；

· 可更新的能源设备；

· 回收计划。

给你一个作为绿色建造商可以用的材料种类的介绍，如下：

· 混凝土；

· 砖石；

· 金属；

· 木材；

· 塑料；

· 复合材料；

· 热防护；

· 防潮；

· 开口；

· 装修；

· 特殊产品；

· 设备；

· 家具；

· 特殊结构；

· 运输设备；

· 管道；

· 空调系统；

· 电气；

· 信息；
· 安全；
· 土方工程；
· 外部工程；
· 公共工程；
· 交通；
· 污染控制。

这些还没有定论。当你开始从事绿色建造商的职业时，你要做一些研究。作为一名建造商，你应当考虑以下方面：

· 现场作业；
· 景观；
· 装饰；
· 室外工程；
· 地基；
· 基础层；
· 人造板；
· 结构构件；
· 望板；
· 外墙装修；
· 室外整洁；
· 屋顶；
· 窗户；
· 门；
· 保温层；
· 地板；
· 楼板面层；
· 室内装修；
· 室内整洁；
· 粉刷；
· 涂料；

· 抹缝；
· 黏合剂；
· 中央空调；
· 管道；
· 照明；
· 电气；
· 电器；
· 家具；
· 室内陈设品；
· 能源利用。

你已经了解了部分关于绿色建筑的知识。正如你所看到的，在绿色产业中有许多要学习的。越早地学习它，你就能越早地用它来赚到钱。你不仅会赚到更多的钱，而且能够为后代留下更美好的环境。

第十章 与分包商和供应商合作

分包商和供应商在承包业务中起着非常重要作用，如果承包商能够有效地管理分包商，其业务就会蒸蒸日上。采用施工质量差的分包商将会直接影响公众对你们公司的评价，公众会认为你们公司不在乎向顾客提供的产品的质量。同样，如果供应商在提供合格产品的时间上一再拖延，就可能会导致你们公司员工突然停工。如果想取得生意上的成功，你必须与分包商和供应商们发展良好的关系，并学会与他们合作。本章将会介绍这些涉及你们公司生意的方方面面，我们从分包商开始介绍，因为分包商在公司日常的商业活动中扮演着重要角色。

分包商

作为一个承包商，最常见的做法就是把形形色色的工作交给分包商去做，例如场地工作、地下管线、管道、暖通空调、电力以及房顶平整和地面铺设。这些分包商的质量信誉非常重要，因为他们工作的质量会给你们公司的信誉带来直接影响。普通的房屋购买者并不清楚是谁安装了他们的管道或者铺设了洗澡间的地板，因此，不管这些工作质量如何，他们都会直接与建造商联系起来。

分包商与顾客的接触也非常频繁，你应该促使分包商们维护你费了很大力气才换来的在顾客心目中的声誉。如果在选择分包商时不够谨慎，或者对他们的工作没有及时检查，可能你就会遇到麻烦。而当你拥有一批稳定可靠的分包商时，就能够对工作做出及时有效的调整。顾客们希望得到快速的服务，而你的分包商可以满足这种要求。

> **专家提示**
>
> 分包商与顾客的接触也非常频繁，你应该促使分包商们维护你费了很大力气才换来的在顾客心目中的美好声誉。如果在选择分包商时不够谨慎，或者对他们的工作没有及时检查，可能你就会遇到麻烦。而当你拥有一批稳定可靠的分包商时，就能够对工作做出及时有效的调整。

具备良好的工作习惯并能够维护顾客关系的分包商将有助于你事业的发展。许多分包商不愿意承担总承包商们所承担的所有责任，如果你选择好的、有声誉的分包商，并且对待他们就像对待你自己的员工一样，他们就能够很好地帮助你发展壮大。

供应商

你可能认为供应商不会对你的声誉产生重要影响，但他们确实会。作为总承包商，你对工作中的所有方面都负有责任。如果你的供应商运货时损坏了顾客的草坪，你很快就会知道这个消息，并且，你的顾客期望你能对损坏进行修复，当然你希望你的供应商能够补偿你这些额外的花销。如果材料没有按时送达，你的顾客不会打电话向你的供应商抱怨，他们会给你打电话。作为总承包商，你需要承担所有责任并回复所有的投诉。

如果你想让你的顾客一直满意——谁不希望这样呢？你必须控制工作中的每个环节，从获得许可到下班打卡，以及这中间的每一步。

拥有可靠的供应商会提升你的客户关系，彬彬有礼又非常专业的运货司机和准时交付货物都会使客户满意。所以，供应商能否为你创造并维持良好的客户关系取决于你自己，你应该为他们制定规则。如果供应商不愿意遵守规则，你可以寻找新的供应商，记住，这时你自己就是顾客！

材　料

交付正确的材料，并确保材料完整无损和准时交货，会给客户留下满意积极的印象。如果你的框木弯曲，并带有许多裂缝和节孔，顾客肯定会不高兴；如果运来的材料有误致使施工人员不能继续工作，你将会损失时间，而你的顾客也会失去耐心，所以，不能忽视材料在影响顾客对你的评价方面的作用。

选择你的产品线

谨慎选择产品线对你们公司的成功非常重要，选择错误的产品可能会导致你们公司的失败。如果你选择合适的产品，也就是你们客户熟悉的产品，那么这些产品本身就可以自我推销。作为一个公司所有者，你应该利用所有你能获得的帮助，所以应使用公众想要的产品。

你可以提前为选择合适的产品做些准备。你可以看一些对你的目标客户具有吸引力的杂志。比如，如果你想要靠出色的厨房和卫浴设计赢得口碑，你就应该阅读那些专注于厨房和卫浴的杂志。留心观察杂志中的广告，通过这些广告，你可以了解你的顾客感兴趣的产品。

你可以到当地的商店走走，这些商店出售的是你将会使用的或者是你想与之竞争的产品。边看边做记录，留心正在展出的产品及其相应的价格，记下那些你在电视上见过的或者在报纸和杂志里做过广告的产品。你的顾客可能也在观看相同的电视节目，阅读同样的报纸，或订阅同样的杂志。这种研究性的工作会帮助你找准你所需要的产品线。

你也可以参观一些你的竞争对手的项目，尤其是那些比较成功的项目。参观他们的样品房并查看他们所安装的设备、地板铺设的方式、油漆颜色、窗户和门。参观那些正在建设中的住宅房，看看你的竞争对手在做什么。仅仅通过路过一个建筑场所你就可能会发现竞争对手所使用的门、窗、墙壁、木瓦和其他类似物品的种类，这种现场调查会让你了解大众喜欢什么样的产品。

专家提示

参观一些你的竞争对手的项目，尤其是那些比较成功的项目。参观他们的样品房并查看他们所安装的设备、地板铺设的方式、油漆颜色、窗户和门。参观那些正在建设中的住宅房，看看你的竞争对手在做什么。

跟你的顾客聊天时，了解他们想在他们家里使用什么的东西。这样，你不仅会获得许多宝贵的信息，还能让你的顾客感觉到你对市场上时下流行什么真的非常关心。

你可以使用多种不同方法进行非正式调查。你可以挨家挨户地登门造访，也可以冷不防地给你的邻居打电话征求他的意见，当然许多人会拒绝你，也有一些人会回答你。你如果不喜欢敲门，也可以使用电话。你甚至可以利用电脑帮你打电话和问问题。当然，你也可以直接邮寄，直接的邮寄比较准确、快捷并且有效。尽管邮寄的费用通常比较高，但是通常会获得更有价值的信息。你可以设计一个调查问卷邮寄给潜在的客户，如果处理得当，你的邮件会让对方感觉到你对人们的需要真的很感兴趣，因为你确实具有真诚的兴趣。调查问卷会收到很好的效果。

调查问卷的答案会告诉你买什么样的产品。为了提高回复的数量，你可以在回复卡上直接标明回复的地址。通过在当地邮局购买许可，并把这种许可印刷在你的卡片上，你可以直接预付回复卡片的邮资。当然，你还可以在卡片上贴上回信所需的邮票，但这样费用会高一些。如果你在邮局购买许可，你只需要为那些回信的卡片付费，当然，许可本身的费用不包括在内。而如果你使用邮票，你可能需要为那些根本没有使用的邮票付费。

为了确保人们对你的调查问卷做出回复，你需要采取一些激励措施，例如回答问卷的人可以获得你的正常费用的一些折扣。一个更好的方法是尽量把调查问卷设计得看起来是一个研究项目（事实上也是）。如果调查问卷设计得看起来像是一个备受尊敬的研究项目，将会有更多的人回答问卷，并且顾客会认为你是那种对大众需要什么真正感兴趣的不断追求进取的商人。很多新的可持续的产品上市非常快，几个月前还是新的产品可能现在就会面临激烈的竞争。你可以参加一些绿色组织，密切关注市场上的新动向，选择绿色建筑意味着你必须成为你和你的顾客所需要的绿色产品方面的专家。

现今的购买者们了解的知识都非常多，并且他们当中多数人都对产品进行调查。如果你的潜在顾客对市场上环保产品的选择方面比你还要精明，你可能会感到有些窘迫。吃饭、睡觉、呼吸，你应该利用一切机会和时间了解绿色产品，直到你熟知它们的动向。每周留出一些时间来进行研究，随着这个市场的高速发展，你只有不断进步，才能把握住市场机会。

避免材料交付延期

避免材料交付上的延期对于取得生意上成功至关重要。如果材料达到延期了，工作就得延期；工作延期，你应得的支付也会跟着延期；如果你的收入延期了，你的现金流量和信用记录可能会出问题；而如果你的现金流放慢了或者消失了，你的生意就会遇到麻烦。怎样才能避免材料运输延期？你可以通过亲自参与确保可接受的交货日程。

确保合适的交货日程的工作从你下订单时就开始了。为确保按日程交货，可以使用一些基本的原则。首先，最好在你需要货物时提前下订单，这样可以给你的供货商充裕的时间按交付日程准备产品。记下接下你的订单的那个人的名字，可以使用电话记录记下你所有的电话，要求接单员给你出具书面的交付日期的文件。并且，记下库房经理的名字，因为你在交货出现问题时可能需要它。如果你是在所要求的交付日期前提前数天下的订单，要打电话跟进，不断询问你的材料的状态。并且，一般都要记住跟你沟通的人的名字，因为你无从知道你可能需要找他们之中的哪一位进行投诉。对所有你的这些行动都要进行清晰的记录。通过打电话或见面亲自介入材料交付，你可以跟供货商和负责处理你的订单的工作人员建立起良好的关系。并且，他们也会认为你现在都如此用心，如果订单出现什么问题，你一定非常难缠。

通过大量的努力，再加上少许的运气，你会如期拿到你订的材料。如果运输真的出现了错误，就需要和库房经理联系。就运输出现的问题和这种问题对你的生意产生的连带影响征询库房经理的建议，并且出示你的有关订单的文件。向库房经理出示你的书面的交付日期，你所联系过的工作人员的姓名，一些有关的支持性材料，如产品规格等，对方将不会把你作为一般人对待。这种策略会把你和那些进行投诉，但却不能用事实支持他们的投诉的普通顾客区别开来，对方也会认为你是一个非常认真的专业人员。如果你没有得到满意的结果，更进一步向高层管理人员投诉，或者寻找其他的货源，让你的现有供应商知道你也与其他的供应商一直保持着联系。

选择分包商

选择分包商需要花费很多时间和精力，这是你的业务中非常重要的一部分，因此需要谨慎考虑，分包商的质量不同可能会提高或降低你的声誉。

初次接洽

通过初次接洽，你将会对你的分包商有很多了解。他们是否准时并且衣着整洁？如果是的话，那么他们就有了一个良好的开端。你的第一印象可能不一定准确，但是在你的大脑中肯定会形成第一印象。

不仅是你对你的分包商有一个第一印象，他们也会对你有一个判断，所以，你应该在他们按照约定的时间到来时是有空的。要确保你办公室的整洁有序，这场会议的重要性意味着，你应该控制所有的进程。

作为一个承包商，你需要依赖分包商，所以你必须给对方留下一个好印象。准备好你要讨论的话题，并且以一种非常专业的方式进行讨论。正如你的分包商可能会疏远你一样，

> 专家提示
>
> 避免材料交付上的延期对你于取得生意上的成功至关重要。如果材料达到延期了，工作就得延期；工作延期，你应得的支付也会跟着延期；如果你的收入延期了，你的现金流和信用记录可能会出问题；而如果你的现金流放慢了或者消失了，你的生意就会遇到麻烦。

> 专家提示
>
> 选择分包商需要花费很多时间和精力，这是你的业务中非常重要的一部分，因此需要谨慎考虑，分包商的质量不同可能会提高或降低你的声誉。

你也可能疏远你的分包商，当然，这本不是你想要的。你非常希望你们的第一次接洽就能够富有成果，所以你就必须事先仔细地安排。毕竟，浪费时间就会带来潜在的金钱上的损失。

正如你希望雇用专业的分包商一样，分包商们也希望与成功的承包商合作。分包商最关心的事情之一就是，他们能否及时获得报酬，甚至他们能否全额获得报酬。如果你作为总承包商给人一种缺乏组织、财务上不太稳定的印象，分包商们将不太愿意与你展开合作。

分包商和总承包商之间是密切合作的伙伴关系。如果双方合作不够愉快，那么这种关系就不能持续。与分包商进行沟通时，最好展现你直截了当和诚实的特质，并且你也应该期望他们会这样和你沟通。

申请表

与分包商进行面谈时，使用申请表会非常方便。尽管分包商不是传统意义上的员工，让他们填写申请表看起来不太合理，但可以使用与员工不同的申请表，并且同时注意你应该尽可能多地了解你想知道的信息。

申请表中所包括的问题应该与分包商所能胜任的工作的种类有关。询问他们的信誉情况并要求提供工作上的证明人这些是非常合理的。了解他们的保险情况也必不可少，因为如果分包商没有购买足够的保险而他们的员工在为你工作时出现了意外伤害，很可能需要你对伤害进行补偿。你可以自主设计申请表，以使其满足你的需要，一种明智的做法是跟你的律师讨论关于分包商申请表的形式和内容。

> 专家提示
>
> 分包商和总承包商之间是密切合作的伙伴关系。如果双方合作不够愉快，那么这种关系就不能持续。与分包商进行沟通时，最好展现你直截了当和诚实的特质，并且你也应该期望他们会这样和你沟通。

初步面谈

在初步面谈中，你会有许多问题向你的分包商询问。进行面谈时，你肯定想要获得尽可能多的关于分包商质量的信息，这些面谈会成为你做出是否雇用分包商的决定的基础。

如果你有一个非常专业的办公室，那当然是会见分包商的再好不过的场所。而如果你的办公室不能很好地展现你所希望的形象，那么你可以在一些不太相关的场所会见分包商。你可以在咖啡厅和他们见面，饭店或其他地方都可以，但是要选择一个能展现你最好形象的场所。最好的选择之一就是在分包商的工作场所与他们见面。首先，你可以给他们一种印象：你愿意花时间到他们的办公室来。你可以要求参观他们的店面以查看他们存放物资和设备的方式，很有可能你会碰见正在装货准备前往工作地点的卡车。在办公室，你可以和他们的出纳交谈（也许出纳就是他们的估算师），这样可以大致了解他们的办公室以及施工作业的情况。记得在面谈中保持适当节奏并且问及你的清单上所有的问题，让分包商谈论他们自己，但是你应该控制整个面谈的进程。

核实证明人

向有关的证明人核实信息也是选择分包商时不可缺少的一步。不论分包商开展业务的时间长短，都会有一些业务上的证明人。你可以索要这些证明人的信息，并且跟进以求证有关分包商的情况。但是，分包商可能只会给你对他有益的证明人，你在和这些证明人交谈时，也要询问其他的与分包商有业务关系的公司，然后和这些公司联系。

> 专家提示
>
> 在初步面谈中，你会有许多问题向你的分包商询问。进行面谈时，你肯定想要获得尽可能多的关于分包商质量的信息，这些面谈会成为你做出是否雇用分包商的决定的基础。

核实信用记录

核实分包商的信用记录也是筛选分包商的必要过程。通过核实分包商的信用等级，你会对分包公司的所有人有很多了解，并且能够了解一部分有关他们业务的财务记录。

> 专家提示
>
> 向有关的证明人核实信息也是选择分包商时不可缺少的一步。不论分包商开展业务的时间长短，都会有一些业务上的证明人。你可以索要这些证明人的信息，并且跟进以求证有关分包商的情况。但是，分包商可能只会给你对他有益的证明人，你在和这些证明人交谈时，也要询问其他的与分包商有业务关系的公司，然后和这些公司联系。

如果分包商的信用记录不好，那也不一定就意味着他们不能成为你的合作对象，因为信用记录不好也可能真的情有可原。我就认识一些分包商，他们没有得到业务失败的总承包商的支付，导致他们在很长一段时间内不能及时支付自己的账单。当然，最终他们自己消化了这些损失并且业务重新回到了正轨，但是那些只看到他们的不良信用记录而对其原因一无所知的人就会对这些公司形成错误的判断。信用报告能够让你对即将与你开展业务合作的人有相当多的了解，但是并不意味着那就是全部。

获得言外信息

在你所有的业务活动中你都要学会了解字面之外的信息。信用报告就是一个很好的例子，因为很可能有非常重要的事实没有包括在信用报告之内。例如你可能正在翻阅一本信用报告，而报告中的分包商申请了破产保护，你还会将业务分包给这家公司（这个人）吗？等等，你再仔细了解一下，你可能与一个非常好的分包商失之交臂！申请破产保护不一定意味着必须把该人排除在开展业务合作的关系之外，许多人并不是因为他们自身的原因才陷入财务危机的，就像上面的那个例子一样。你必须要愿意，而且能够仔细分析你所看到的这一切，当你能够获知字面之外的信息时，你就会成为一个更富有成效的业务人员。

设定规则

如果你打算使用你所会见的分包商，那就为他们如何跟你的公司开展业务设定一些规则。如果你要求所有的分包商都携带寻呼机，告诉他们怎么做。如果你希望分包商们在一个小时以内回复你的电话，那就让他们明确地清楚这一点。记住，你要掌控局势，但是你不能指望人们都能自然而然地清楚你在想什么，你应该告诉他们。

条款谈判

条款谈判是选择分包商的关键环节。你所想要的和分包商想要的可能并不一致。如果你要和分包商开展业务合作，你应该事先制定好与你的工作安排有关的条款。

讨论合同是你会见分包商时的关键环节。你应该和你的分包商一起，仔细检查分包合同的条款，如果有任何的问题或疑惑，应该当面予以解决。你当然不希望工作进行到一半时，却发现你的分包商不按规则办事。

在开展业务关系的早期阶段谈判涉及的业务条款越详细，你和分包商发展良好的合作关系的可能性就越大。正如你和房产购买者的合同一样，你希望分包合同毫不含糊而且没有误解。为了确保分包商充分理解了你所期望的结果，你可以在合同的任何必要之处插入条款。在合同制定上要花费足够的时间，但

> 专家提示
>
> 如果你打算和与你会面的分包商合作那就为他们如何跟你的公司开展业务设定一些规则。如果你要求所有的分包商都携带寻呼机，告诉他们怎么做。如果你希望分包商们在一个小时以内回复你的电话，那就让他们明确地清楚这一点。记住，你要掌控局势，但是你不能指望人们都能自然而然地清楚你在想什么，你应该告诉他们。

是要去除所有的有疑虑的地方。

合同应包括你希望分包商开始工作的时间（日期），也应包括你希望他们完成工作的时间（日期）。如果分包商未能在相应日期内履行职责，你有没有什么方法进行限制？就开始日期而言，你所能用到的方法不多，但是如果分包商延误的时间太多，你就需要发一个通知告诉分包商如果不能在某某日期之前开始工作，你就会取消合同。这就是为什么在每一个业务环节，你都需要有数家分包商能够随时为你开展工作的原因。

关于工作完成期限，你的方法会多一点。有一个标准的合同条款，被称为“履约条款”，就是专门针对这个问题的。典型的履约条款类似于：

分包商同意在（某某日期）开始和结束分包的工作，并且，在总承包商认为根据最优的工作进度要求，或者在总承包商的具体要求下，根据总承包商许可的数量，放慢或加快工作的进度。如果分包商未能尽职且快速地完成整个或部分工作，或者未能提供足够的熟练工人或合适质量的材料，则总承包商可以在书面告知分包商的72小时后，为按时完成工作，自行提供工人或材料；并且，总承包商开展上述行为的成本和费用，只要是由于分包商的原因或在此后能够被认为是由于分包商的原因导致的，应从本合同下的分包商的收入中扣除。

合同当中另一个重要的问题就是场地清理。一般情况下分包商应该清理场地的垃圾和废物，但是许多分包商清理不及时，也有许多根本不清理，除非合同具备相应的条款，例如：

分包商应随时保持工作场所整洁有序，并及时清理施工带来的灰尘。应总承包商的要求，分包商应随时打扫并清除工作场地上本条款下规定的分包商有义务清理的物品或废物，否则总承包商可以不经通知并自行决定对场地进行清理，且此种费用由分包商承担。

付款问题也很重要。在这个行业中，“获得付款即行付款”的条款在许多合同里被广泛使用。有些声明认为这些条款是无效的，你可能也不愿意使用它们，如果你使用它，那就应该增加一个条款，说明分包商将在总承包商获得工程所有者的付款后“X”天以内（一般是15或30天）获得付款。这样，你向分包商的付款就和工程所有者向你的付款绑在了一起。如果你及时收到了货款，你的分包商也一样可以；但是，如果所有方拖延了你的支付，你也可以拖延向分包商的相应支付。

在这个行业里，付款拖延经常发生，并且影响到你的一些分包商，而他们在这种拖延中不承担责任。但是，分包商可能指望总承包赔偿他们由于这种拖延导致的损失，这些损失被称为是“伴随损失”。通过在分包合同中增加一个条款，即“总承包商对由于履行工作或装饰材料中的拖延而导致的，或者由于其他可归咎于其他分包商、所有者或其他任何人的原因而导致的分包商的任何损失不负有任何责任，也不负有给予额外补偿的责任”，就可以解决这个问题。

维护关系

一旦你雇用了新的分包商，你必须集中精力维护合作关系。当你找到好的分包商时，可能你已经在寻找他们上面花费了相当多的时间，为了避免浪费这些时间，你必须致力于建设这些关系。当然，这并不意味着你必须和你的分包商称兄道弟，但是你必须履行你的义务，并且期望你的分包商也履行他们的义务。

对分包商进行评级

对分包商进行评级会占用你一些时间和精力，但这是值得的。你应该对分包商进行评级，以发展出最好的团队。这种评级应该从面谈时就开始，但并不止步于此。在评级时，你应该参考分包商的业务和过去的方方面面。

对分包商评级采用的第一个指标就是分包商的从业时间长短。经验非常重要，不论对你将要开展合作的公司还是将要与之共事的人都是一样的。例如，一个刚刚和你开展业务关系但却拥有15年从业经验的人，相对于已经有2年的业务关系但却只有5年从业经验的人而言可能是更好的选择，通常选择具有稳定业务的分包商会更加有利。

如果一个分包商从事这行已经有一段时间了，那么它更有可能生存下来。新进入某一行业的公司通常在头两年里就会失败，已经具有3到5年从业时间的公司活下来的可能性更大。能够成功度过前几年危险期的企业所有者拥有更好的经验和专注能力，这些应该是你在分包商身上尽力寻找的特征。

分包商所采用的业务方式也可以影响你对他们的选择。这些东西可能难以在某一次面谈之中进行评价，但是通过一些简单的试验你就可以对分包商如何开展业务有很多的了解。你需要有能够及时回复你电话的分包商。现代社会中，借助于寻呼机和手机，几乎与所有人的沟通都可以唾手可得。绝大多数分包商都会保证随时注意回应你的电话，但是你需要自己证实这些是否可信。其实一旦分包商离开你的办公室，你马上就可以做一个小小的实验：给他打个电话。你非常清楚他刚刚结束和你的面谈，而且也不在自己的办公室，留心查看他怎么回复你的电话，以及在多短的时间内回复。

在你做出使用某个分包商的决定前，做一个实验。同时召集三个分包商并安排一个投标会议，讨论一项待定的工程，如果没有，就虚构出一项简单的小项目让他们来投标。你需要注意的是一些关键问题的回答：他们会准时开工吗？完成限额要多长时间？他们的回答，不管是关于工作，还是在工作范围外，是不是专业？思路是不是清晰？对于质量和价格，他们有没有提出改善的建议？

如果你虚构了一项工程，在收到他们所有的回复之后，实验就结束了，你可以只是告诉他们，工程不能进行，并谢谢他们的参与。你现在了解了在现实情形下，分包商是如何做出反应的。

工具和设备是评价分包商的另一项因素。如果分包商缺乏必要的工具和设备，他们就无法提供你所要求的服务。所以，应该毫不犹豫地询问分包商关于他们的工具设备问题。

保险范围是一个非常重要的问题，不能使用那些没有适当投保的分包商，你会得不偿失，一些关于人员和财产伤害的诉讼可能会让你的生意遭受失败。为自我保护起见，你必须确认你的分包商为相应的人员和财产购买了足额保险。

如果分包商的一个雇员在从事你的项目上的工作时受伤了，而分包商没有为其购买保险，那么该雇员可能会要求你进行赔偿。鉴于此类的原因，有必要让你的分包商在动工之前提交一份购买保险的证明。

> 专家提示
>
> 保险范围是一个非常重要的问题，不能使用那些没有适当投保的分包商，你会得不偿失。一起关于人员和财产伤害的诉讼可能会让你的生意遭受失败。为了保护自己，你必须确认你的分包商为相应的人员和财产购买了足额保险。

如果分包商有不属于家庭成员的雇员，按照规定应该为这些雇员购买劳工赔偿保险。即使分包商无需为员工购买劳工赔偿保险，你也需要一份由分包商所有者签名的免责声明。这个免责声明，有时也称为“不受伤害”条款，应由你的律师起草，这样你就可以避免潜在索赔。

如果使用了没有适当投保的分包商，那么年底时你可能会蒙受损失。当保险公司像往常一样对你进行审查时，你可能会因为使用没有适当投保的分包商而遭受罚款。这项罚款可能会很可观，为避免损失，你应该确保分包商为一切必要目的购买了足额的保险。

分包商的专业化

许多分包商只专长于某些特定领域。有些暖通空调分包商擅长布设管道，有些擅长安装设备，还有些可能仅仅擅长布设低压控制线路。有些电力分包商专门从事低电压数据和声音通讯系统的线路布置和设备安装。使用这样的专业分包商可能需要额外付出较高的费用，但是结果却是物有所值的，因为这些专业分包商能够更快地完成工作，让你尽快地去谈下一笔业务。记住，时间就是金钱，节省了时间，你就有机会去挣更多的钱。明白这一点后，询问你准备使用的分包商们分别擅长的领域是什么，你会发现根据不同分包商擅长的领域分配不同的工作，会大大提升成本效益。

营业执照

是否持有营业执照是评价分包商的另一项因素。如果你使用的分包商没有按照地方或州管理部门的规定获得营业许可，你可能会有麻烦。所以，只雇用那些达到标准、获得营业执照的分包商，这一点非常重要，不要雇用那些没有执照的分包商。

> 专家提示
>
> 是否持有营业执照是评价分包商的另一项因素。如果你使用的分包商没有按照地方或州管理部门的规定获得营业许可，你可能会有麻烦。所以，只雇用那些达到标准、获得营业执照的分包商，这一点非常重要，不要雇用那些没有执照的分包商。

工作能力

同时，也必须考虑分包商所能承担的工作量。分包商能处理的工作量是多大？你不会想雇用一个承担不了所安排的工作量的分包商。因此，你必须清楚你的分包商的工作负荷是多少。

> 专家提示
>
> 与单个分包商长期合作当然会方便一些，但是可能会出现这个分包商已经满负荷运转、无法再承担新工作的情况，因此，在现实中，只与一个分包商合作是不够的。为预防此种情况，在一项工程中你至少需要找到三位分包商，这样你会对项目进展拥有更多的控制。

我很少听说分包商会拒绝新工作，即使他的工作负荷已经饱和。接手超出自己工作量的工作的分包商肯定会让一部分建造商（可能就是你）失望。他们答应你在某天会到现场，但是当天可能会由于其他建造商的要求，去了其他地方。所以，你需要调查你的分包商现在承担了多少工作，在必要时，他们能否毫不耽搁地投入到你的工作之中。

如果给一个小分包商太多的工作，你会置自

己于困境。小分包商可能会雇用一些临时的、没有经验的或是不合格的工人来为你工作。

与单个分包商长期合作当然会方便一些，但是可能会出现这个分包商已经满负荷运转、无法再承担新工作的情况，因此，在现实中，只与一个分包商合作是不够的。为预防此种情况，在一项工程中你至少需要找到三位分包商，这样你会对项目进展拥有更多的控制。

在分包商之间引入竞争机制也是个不错的主意。如果一直使用同一位分包商，其他的分包商就会不愿意在以后的工程中竞标，因为他们会认为你喜欢长期使用同一位分包商，这样做所带来的后果是，你会错失真正的有竞争力的价格。

管理分包商

遵循下面的简单规则会让你的分包商管理更加轻松。最重要的一点是将生意以文件的形式记录下来。其他规则包括：

- 制定并使用分包商准则；
- 你要具备充分的专业性，并要求你的分包商同样专业；
- 与所有分包商建立书面合同；
- 需要改变合同时，使用变更通知；
- 在协议中规定开始执行和终止日期；
- 对于由分包商工程质量问题导致的损失向分包商索赔；
- 向分包商付款后，要求分包商签署留置权弃权声明；
- 保存每个分包商的投保证明；
- 非双方同意，额外费用不能写入书面合同；
- 不要提前预付合同订金；
- 不要在工程获得验收之前付款；
- 所有的生意都要有书面文件。

如果你不注意，你的分包商可能会利用你。但是，如果你制定并实施了一套有力的分包商管理措施，你就能够管理好你的分包商。所以，你必须掌握控制权。如果分包商掌握了控制权，那么你的公司就是分包商在管理，而非你自己了。

与供应商合作

与供应商合作并非发布求购单然后等待那么简单，你的业务依赖于与供应商的合作，但是你必须为整个业务设定节奏。制定公平的规则，然后实施这些规则。记住，实施要坚定，但是必须公平。

为你和供货商间的业务往来设定惯例。如果你使用订购单，那就每笔采购都使用订购单。如果你要求对方在来函中注明职称和地址，那就坚持每一个来函都这样做。你的员工能否用你的信用卡账户进行采购？如果可以，那么就需要设定购买金额，并确保仓库工作人员清楚你的哪些员工有权使用你的账户付款。

> 专家提示
>
> 与供应商合作并非发布求购单然后等待那么简单，你的业务依赖于与供应商的合作，但是你必须为整个业务设定节奏。制定公平的规则，然后实施这些规则。记住，实施要坚定，但是必须公平。

了解你的供货仓库的经理，你们肯定不可避免地会共同处理某些问题，这就是彼此进行了解的好机会。

使用新的供货商时，确保你已经了解他们的管理规定。他们的退货政策是什么样的？有无回仓费？如果你提前付款，是否享受折扣？你享受的折扣是多少？是不是不论购买多少东西，折扣都是一样的？这些仅仅是你需要了解的问题中的一小部分而已。

如果所有一切都很顺利，那你就可以和分包商做成很多生意。因为你们彼此都靠对方获得赢利，所以，尽可能维持好合作关系。

获得最佳的交易

我们怎么才能知道谈成了一桩最实惠的交易呢？价格是我们购买材料或选择分包商时考虑的唯一因素吗？当然不是，服务和质量是另外两个非常重要的因素。如果你没有在得到合适价格的同时获得相应的质量和服务，你可能会有麻烦，下面就是一些例子。

假设你邀请了五个油漆商参与竞标，由于价格是唯一的考虑因素，你选择了出价最低的投标分包商。当油漆工人按照进度安排应该开始工作时，他们并没有出现。打了一通电话之后，他们同意次日上午开始工作。次日上午，油漆工到了工作场所并开始工作，你也回办公室去了。结果中午时屋主打来电话称所有的油漆工都不见了，这时你才知道，油漆工们中午休息之后就再也没有回来。

这种情况的发生降低了客户对你公司的评价，同时也阻碍了公司的现金流。你使用了出价最低的油漆工，并且认为自己得到了最佳的交易，但是，现在看起来并不是那么好了。其实这种问题非常普遍，在以后的项目中，应该花费更大精力尽力寻找更加合适的分包商。

> 专家提示
>
> 我们怎么才能知道谈成了一桩最实惠的交易呢？价格是我们购买材料或选择分包商时考虑的唯一因素吗？当然不是，服务和质量是另外两个非常重要的因素。如果你没有在得到合适价格的同时获得相应的质量和服务，你可能会有麻烦，下面就是一些例子。

下一个例子：假设你需要从供应商那里购买屋顶托架，经过询价以后，你决定购买出价最低的那家，虽然你们以前从未打过交道。然后，你订购了托架，对方也安排了送货时间，你所有的其他工作进度都是根据托架的送货时间进行安排的。

如果托架是用于替换一个已经坏掉的屋顶，只有在确定新的托架可以到货后，你才能拆除旧的屋顶。在送货那天，你打电话给供应商询问托架的状态，被告知托架已经装上运货卡车并且将于中午之前到达。

你的员工已经完成了框架搭建工作，等待安装新的托架。快到中午了，新托架还未运到。你的员工不得不停下来。你只好又给供应商打电话，然后被告知运货卡车在中途抛锚了（抛锚的运货车是一个常用的借口，也许卡车真的抛锚了，但更有可能的是你的供应商弄砸了这件事并在为之寻找借口）。对方称托架在次日上午才能运达，但是现在，你又能做什么呢？在你的员工为等待新的托架而无所事事时，你的钱已经损失了。

你要求供应商把托架转移到另一辆运货卡车上以便你尽快拿到货物，但你的供应商告诉你他们已经没有多余的卡车了。这时，你就只你能暂停工作，等待托架运到，你已经产生了时间和金钱上的损失，并且，客户也感到不满。

如果你使用具有经常业务往来的供应商，还会发生这样的事吗？可能就不会了，因为供应商在必要时有足够的运货车进行调换。你自以为非常高明的最物美价廉的交易瞬间变成了一个灾难，所以，价格不是唯一的因素。

加速材料运送

了解如何加速材料运送能够使你的业务快速运转。除非有足够的材料，否则工作是无法完成的。如果没有工作，也就没有收入流，但是现金却在不断地流出。但是，由于企业所有者拥有企业是为了获得赢利，他们需要获得材料并使其周转起来。

下单后定期打电话跟进需要花费一定的时间和精力，但是如果你的工作人员需要离开工作岗位到仓库去提取货物，就会浪费时间和金钱。下单不准确和发货不仔细可能会给承包商带来巨大损失，有没有方法能够降低这些损失？答案是肯定的，通过加速材料发送，可以节省更多的时间，赚取更多的利润。

有太多的承包商打电话下过订单以后就把它们忘得一干二净。他们不会打电话以不断确认材料的状态，直到材料发送出现了问题，他们才开始采取行动。但是到那时候，时间和金钱都已经损失了。

> 专家提示：
>
> 了解如何加速材料运送能够使你的业务快速运转。除非有足够的材料，否则工作是无法完成的。如果没有工作，也就没有收入流，但是现金却在不断地流出。但是，由于企业所有者拥有企业是为了获得赢利，他们需要获得材料并使其周转起来。

许多承包商在收到材料后从不进行清点，如果他们订购了100个胶合板，他们就认为自己收到的就是100个胶合板。然而不幸的是，在交付材料时错误经常发生，要么是数量不对，要么是发送的材料的种类不正确。所有这些问题又导致了更多的时间和金钱上的损失。

你在下订单时，一定要让对方订单管理员把订单内容念给你听，这时你要仔细地听以及时发现可能的错误。提前打电话确认发货日期，如果供应商忘了把你的采购列入日程，你的电话就可以提醒他改正这个错误，这样就可以在问题发生前避免损失。

材料送到时，检查发货是否准确，最好是运货司机在场时进行检查。如果发现单子有错误，立即给发货商打电话。通过及早发现错误，你可以避免损失。别忘了在收货单上把那些材料短缺或与订单不符的地方标记出来，以对出现的问题有一个书面记录。

为你的材料订购和交货日期建立记录可以让你对材料采购一目了然。你只需扫一眼记录就可以了解现在订单的状态。跟不同的销售人员沟通时，也在记录上记下他们的名字。如果出现问题，你就知道你最后一次是跟谁沟通的。这样，通过管理你的材料运送，你的生意会做得更好。

避免普遍问题

通过避免一些普遍的关于供应商和分包商的问题，你可以节省时间，同时也能够赚更多的钱。承包商和供应商或分包商间出现问题的两个最大的原因，一个是沟通不畅，另一个往往是关于钱的问题。钱往往是产生分歧的主要原因，而大多数误解则是由于沟通不足导致的。如果你能够克服这些问题，你的业务就会开展得更加舒心，赢利也会更多。

如果经常性地使用书面协议，就不会为出现沟通问题时寻找借口留下多少空间。通过向你的分包商提供一份书面规格清单，告诉他你需要什么样的产品、款式、颜色等，就能消除一切误解。如果分包商没有按照书面要求进行生产，你们之间会有争执，但你会是胜诉的那一方。

专家提示

为你的材料订购和交货日期建立记录可以让你对材料采购一目了然。你只需扫一眼记录就可以了解现在订单的状态。跟不同的销售人员沟通时，也在记录上记下他们的名字。如果出现问题，你就知道你最后一次是跟谁沟通的。这样，通过管理你的材料运送，你的生意会做得更好。

钱的问题也是一样，使用书面文件能够解决多数关于钱的问题。如果你们有一个书面协议详细列出支付的安排，没有人会有任何不快。使用书面协议可以消除很多分歧和争执。创建样本招标格式并和计划表格一起使用是一个非常好的主意，如果这些表格是为专门的业务阶段准备的，你就可以在招标过程中有效地避免误解和错误。

能够与分包商和供应商有效合作对于建筑业务的成功而言至关重要。所以，应该努力建立并维护与分包商和供应商间良好的合作关系。同时，建造适合居住的建筑也需要一个有效的团队，因此，你也应该重点培养自己发展团队的能力。

工作名称：______________________________

阶段：地基

承包商：______________________________

根据所附要求完成全部工作

招标事项

为地基底座铺设提供劳力和材料

为基墙和基座提供劳力和材料

供应并安装墙窗和通风口

为防水壁开口提供劳力和材料，准备门的安装

供应并安装地角

拆走所有基架

防水墙体完成

为水泥地基供应劳力和材料

图 10－1　地基招标文件

工作名称：________________________________

阶段：油漆

承包商：__________________________________

根据所附要求完成全部工作

招标事项

为油漆、染色和/或密封墙体提供劳力和材料并报价

报价应包括所有需要的准备工作（如补丁眼）

图 10－2　油漆招标文件

工作名称：________________________________

阶段：石膏墙

承包商：__________________________________

根据所附要求完成全部工作

招标事项

根据要求供应并安装所有石膏墙内面和天花板所需的材料

单独为糊墙及整墙所需人工报价

如果需供暖，石膏墙承包商需负责

为打磨天花板单独报价

图 10－3　石膏墙招标文件

工作名称：________________________________

阶段：供暖

承包商：__________________________________

根据所附要求完成全部工作

招标事项

供应并安装所有预埋供暖材料并完成供暖设备

包括锅炉和护壁板部分

图 10－4　供暖招标文件

工作名称：______________________________

阶段：清理树木

承包商：________________________________

根据所附要求完成全部工作

招标事项

砍伐所有标记蓝色带子的树

移除所有木材、枝条及砍伐作业中的碎屑

图 10－5　清理树木招标文件

工作名称：______________________________

阶段：管道

承包商：________________________________

根据所附要求完成全部工作

招标事项

供应并安装所有预埋管道及管道连接，包括浴室部分

对抽水井和有关设备单独报价

图 10－6　管道招标文件

工作名称：______________________________

阶段：水井

承包商：________________________________

根据所附要求完成全部工作

招标事项

供应劳力和材料以安装钻取水井的钢套

供应劳力和材料以安装水下抽水泵及有关设备

按照每英尺平面计价招标

图 10－7　水井招标文件

工作名称：________________________________

阶段：侧壁

承包商：________________________________

根据所附要求完成全部工作

招标事项

安装由总承包商提供的侧壁材料

图 10－8　侧壁招标文件

工作名称：________________________________

阶段：框架建造

承包商：________________________________

根据所附要求完成全部工作

招标事项

供应劳力建造房子至干燥状态

如果使用起重机，费用由承包方承担

安装外侧窗和门

底层地板要胶合并钉牢

提供澡盆和浴室衔接

视需要安装钢条及钢板

安装所有支撑柱

建造楼梯

图 10－9　框架招标文件

工作名称：________________________________

阶段：地板

承包商：________________________________

根据所附要求完成全部工作

招标事项

为供应及安装地衬报价

为平整所有地面所需的劳力和材料报价

提供报价，并根据要求供应及安装地板

图 10－10　地板招标文件

工作名称：________________________________

阶段：保暖

承包商：__________________________________

根据所附要求完成全部工作

招标事项

供应并安装保暖

图 10－11　保暖招标文件

工作名称：________________________________

阶段：切割

承包商：__________________________________

根据所附要求完成全部工作

招标事项

供应劳力以安装总承包商提供的切割材料

为在所有区域安装柜台和壁橱单独报价

切割报价包括安装所有内门、安装窗户及门的配件，以及浴室辅助设施

图 10－12　切割招标文件

工作名称：________________________________

阶段：屋顶

承包商：__________________________________

根据所附要求完成全部工作

招标事项

安装由总承包商提供的屋顶材料

图 10－13　屋顶招标文件

工作名称：______________________________

阶段：电气

承包商：______________________________

根据所附要求完成全部工作

招标事项

供应并安装临时电源

供应并安装预埋线路

安装由总承包商提供的灯具

GFI 设备及烟气探测器由承包商提供

需提供所有的许可证及检验证明

图 10－14　电气招标文件

工作名称：______________________________

阶段：场地工作

承包商：______________________________

根据所附要求完成全部工作

招标事项

移除挖掘导致的所有树桩及碎屑

为车道提供并安装金属管路

铺设车草——场地工作承包商提供所有材料

挖掘地基坑

提供前期地基修整

回填地基

最后修整

草坪种植

安装化粪系统

供应并安装地基排水系统

供应并安装地基所需碎石

为供水及污水排水挖掘壕沟

回填供水及污水排水挖掘的壕沟

图 10－15　场地工作招标文件

第十一章　准备竞标

要获得建筑业务，你经常需要与其他建造商一起参与竞标。当然，偶尔你也可以依靠声誉不通过竞争而直接获得业务。但是通常状况下，获得某项业务时，你都需要面对富有竞争力的其他承包商的竞争，成为一个成功的建造商就必须要赢得招标。

那么你的策略是什么？你试图成为报价最低的那个投标者吗？通常这不是一个好的主意。那成为报价最高的呢？可能用处也不大。多数能够中标的投标人报价位于中间位置，那么，报价比较接近时，如何才能胜出呢？许多因素都会起作用，例如：

- 演示；
- 信誉；
- 经验；
- 品牌知名度；
- 证明人；
- 过去的记录。

了解如何获得业务非常重要，这就是我们本章讨论的主题。

口碑相传

口碑相传是获得新业务的最好方法。当然，在你能够利用口碑相传之前，你必须要有过一些业务。每次得到一项新的业务，你都需要考虑把那个客户作为你未来业务的证明人。因为满意的顾客是吸引新顾客的最好渠道。

从现有的客户那获得推荐不仅是获得新业务的最有效的方法，也是花费最少的方法。广告是非常昂贵的，就每一份你从广告获得的业务而言，你都需要损失部分利润作为广告的成本。如果能够以现有顾客为基础拓展新的业务，你就可以节省广告开支。

> 专家提示
>
> 口碑相传是获得新业务的最好方法。当然，在你能够利用口碑相传之前，你必须要有过一些业务。每次得到一个新的业务，你都需要考虑把那个客户作为你未来业务的证明人。因为满意的顾客是吸引新顾客的最好渠道。

如果你的工作质量很好并且达到了你对顾客的承诺，一般而言顾客会乐于推荐——但是你可能需要向他们索取。人们有时会把你的名字和电话告诉他们的朋友，偶尔也会写对你有利的信。但是，为充分利用口碑相传的效果，你需要了解如何获取你所需要的。下面就介绍怎样充分利用你现有的顾客，挖掘最大的潜在业务。

要获得非常有力的顾客推荐，一些基础性的工作非常重要。如果你让你的顾客不高兴，他们就会告诉自己的朋友，当然他们不会说太多对你和你的公司有利的东西。人们在倾诉自己的不快经历时总是有话可说的，但在传达美言时却非如此，为了让你的顾客能够做你的推荐人，你需要努力取悦顾客。

从和你的顾客开始接触起就要努力维护良好的关系。在工程完成后，不时打电话给你的顾客，了解他们是不是喜欢新扩建的房间、新的浴室或房子；问问他们家人怎么样，孩子们怎么样。这种对他们利益的真诚关切不会没有作用，当你想让他们进行推荐时，他们会有积极的响应。

我见过许多很好的工程就在它们即将完成的最后时间里出了问题，承包商们经常会犯的最大错误之一就是对于要求维修的电话没有进行及时回应。可能仅仅因为一个漏水的管道或是阀门关不上的冲水厕所，而你没有及时做出回应，于是，整个工程期间你对顾客所表达出的善意就全部付诸东流。如果你想持续地在建筑行业发展，你就必须让顾客满意，而不是疏远他们。尤其是，工作完成以后。这样，老顾客就会成为回头客。相反，如果你对顾客打回来的电话不及时回复，处理效果也不令人满意，下次再有新的工程时就不用抱有指望了。

在整个工程中，你必须结合顾客的时间安排所有会见并准时到会，回答他们的问题，倾听他们对于所发现的任何问题的看法，彬彬有礼，且非常专业。常常要记住，你想要让你的顾客对你的工作满意，因为你想让他们做你的业务推荐人。

在工程结束时，你应该要求顾客留下他们的推荐意见，不要期望他们会主动给你。通常状况下，要一封推荐信是不够的。如果你备有表格让顾客填写，那样会比较有效。人们面对推荐信似乎总是不知该说些什么，但是如果是填表，他们就会舒服很多。

> 专家提示
>
> 在工作结束时，你应该要求顾客留下他们的推荐意见，不要期望他们会主动给你。通常状况下，要一封推荐信是不够的。如果你备有表格让顾客填写，那样会比较有效。人们面对推荐信似乎总是不知该说些什么，但是如果是填表，他们就会舒服很多。

如果你能设计一个简单的表格，几乎所有满意的顾客都会填写并签名。我想你一定见过这样的质量控制表格，不管是在饭店里还是在收到你邮购的商品时。你可以按照自己的意愿设计表格。

设计并打印出你的表格后，就使用它们。完成一项工作时，邀请你的顾客填写推荐表并进行签名，最好是在现场做。一旦你离开完成工作的场所，让顾客填写表格并签名就会困难得多。

当你收集到相当有利的推荐表后，就向有希望的客户进行展示。用一个整洁的三环活页装订夹把这些来之不易的推荐表整理到一起，上面加一层透明的防护封面，这样便于存放和展示。当你获得足够多的推荐表后，你就有相当大的把握赢得未来的生意。

让顾客满意

让顾客满意是成功的关键。顾客满意时，业务才会发展。当然，有些顾客似乎你永远也无法让他们满意，这些难以满足的顾客似乎所有企业都遇到过，但是这是例外，而不是顾客的常态，你应该集中精力让那些能够满足的大多数顾客获得满意。

> 专家提示
>
> 让顾客满意是成功的关键。顾客满意时，业务才会发展。当然，有些顾客似乎你永远也无法让他们满意，这些难以满足的顾客似乎所有企业所有者都遇到过，但是他们是例外，而不是顾客的常态，你应该集中精力让那些能够满足的大多数顾客获得满意。

在与承包商打交道时，顾客们需要感到舒服。为让你的顾客感到舒适，你应该以一种让他们感到放松的方式与他们打交道。记住，他们也许不熟悉建筑或建筑用语，所以你应该使用他们能够理解的语言与他们交谈。沟通技巧在构建良好的关系中非常重要。如果你和顾客不能轻松地沟通，你们在以后的业务往来中将会遇到更多的困难。有些顾客可能需要反复权衡，所以对这样的顾客，偶尔你也需要多花一些时间，让他们对自己已经做出的或准备做出的决定感到放心。

主动寻找新的客户

你可以通过使用招标资料主动获取新的客户，招标资料上列有公共和私人领域中正在寻找承担方的工作的通知。招标是一种通知承包方得到潜在的工程的方法，任何承包方都可以参与投标。一个工程被列入招标就意味着业主承诺如果有投标方的报价符合他们的预算，他们一定会开展工程，而不像许多住宅业主，他们询价只是为了了解信息，而不是真正有一个工程需要建设。这种通过竞争获得的工作利润率往往比较低，但是如果估算准确，仍然可以赚钱。

如何获取招标资料?

招标资料可以通过回复报纸上的公开通知或者通过订购提供招标信息的私人服务获得。如果你留心查看主要报纸的分类信息，你就会看到含有招标信息的广告。你可以通过回复这些广告获取招标资料，通常情况下你会获得一套资料，例如工程计划、详细要求、招标文件、招标说明以及其他必要信息。根据工程本身的性质和规模不同，招标资料可能简单，也可能复杂。

> 专家提示
>
> 招标资料可以通过回复报纸上的公开通知或者通过订购提供招标信息的私人服务获得。如果你留心查看主要报纸的分类信息，你就会看到含有招标信息的广告。你可以通过回复这些广告获取招标资料。

可以通过邮寄或者网络方式订购服务。这些服务将会定期提供进入招标程序的工程清单。我在这个行业待了很长时间，使用过所有类型的服务，我发现，网络上的服务最为有效。

什么是招标公告?

招标公告是寻求报价的正式邀请，一个典型的招标公告包含类似于这样的招标信息：

日前计划在马里兰州巴尔的摩市保罗和查尔斯大街拐角处，新建一所3500 平方英尺（325m^2）的二层民居。有意向的承包商可以联系马里兰州陶森市布劳德大街 555 号办公室的建筑师詹姆斯·史密斯先生，获取有关的计划和要求。联系电话：410－854－4444。索取招标资料时需要一张 175 美元的支票。招标于 2009 年 4 月 15 日截止。

招标公告和招标资料是不同的。招标公告对所提供的工程进行简单描述，而招标资料则给出了投标人需提供的全套详细信息。多数承包商都只是浏览招标公告，如果发现有意向的工程，他们就会订购一份招标资料。招标公告既可以发布在报纸或杂志上，也可以通过私人服务机构获取，但通常需要付费。

招标信息公司

有些公司从事提供招标信息的业务，这些公司的地址可以在多数黄页的电话目录里或者通过互联网查到。这些招标信息通常以时事通讯的形式进行发布，招标报告每周递送给承包商。每个招标报告可能包括 5 个或 50 个工程，这些出版物是了解所有种类工程的非常好的方法。

> 专家提示
>
> 招标公告和招标资料是不同的。招标公告对所提供的工程进行简单描述，而招标资料则给出了投标人需提供的全套详细信息。多数承包商都只是浏览招标公告，如果发现有意向的工程，他们就会订购一份招标资料。招标公告既可以发布在报纸或杂志上，也可以通过私人服务机构获取，但通常需要付费。

这些招标报告中包含所有种类的工程，从小型的住宅工程到大型的商业工程。绝大部分工程是商业性的，工程规模则从数万美元到几百万美元。

政府部门的招标

地方、州和联邦政府制定的招标是寻找工程的另一个机会。与其他招标公告一样，政府的招标公告也只是提供一个简要的工作描述，并提供其他信息以使有意向者能够获取更加详细的信息。政府工程的种类也很多，从更换所有厕所的水龙头到建造一个军粮库。为军队建造新的基础房屋可能需要耗费一个住宅建造商数月的工期。

政府部门的工程比较可靠，但是文案工作比较烦琐，而且有时候付款较慢。决定参与政府工程的竞标时，需要考虑下面一些因素：需要填写很多的表格、文案工作烦琐、需要进行担保、要遵守许多的法律和规定。如果你不愿意应付大量的文案工作，那就最好不要参与政府工程招标。

如果这些类别的工程使用了公共资金，就必须符合州和联邦的反歧视行动和公平机会法案。如果你的公司符合条件，这些类别的合同中消除歧视的条款可能会对你有利，招标文件中关于此问题的典型条款一般与下面的类似：

“为了本合同的实施，根据 XX 法案，须有 *X*% 的业务由美国黑人、拉美裔美国人、亚裔美国人和土著美国人所有的或管理的、在社会上和经济上处于不利地位的公司承担。”

鼓励由州和/或联邦政府认可的少数民族企业（Minority Business Enterprise）或者妇女所有企业（Women - Owned Business Enterprise）参与竞标，并且必须雇用一定数量的此类公司参与一定比例的项目。如果你感觉符合这些类别中的任何一项，并且希望在公共领域寻求工程机会，做一些小小的调查会对你很有帮助。

 付款、履约及投标担保

在许多重要的工程中，付款、履约及投标担保都是必要的。如果你订购了招标公告或招标资料集，你几乎肯定会看到投标需要担保，但是招标公告上的部分项目可能不需要担保。担保要求总是与工程的预期费用联系在一起的，工程越大，需要担保的可能性越大，所有的政府工程都需要担保。

你能否获得担保?

许多招标公告上列出的工作都需要承包商提供担保，担保可以从担保公司或保险公司获得。在你尝试参与需要担保的竞标前，检查一下你能否获得担保。视不同情况，获得担保的要求不同。你可以通过地方黄页联系一些办理担保业务的人，打电话了解一下办理担保的要求。

为什么需要担保?

担保是为了确保工程能够顺利完工。付款担保确保在工程结束时，承包商会付给供应商、零售商和分包商应得的款项；履约担保的目的是为了确保承包商会按照与业主签订的合同条款实施项目。如果分包商没有履行这些义务，担保公司就会介入，向受损失的一方提供赔偿。

当发标的公司或个人要求提供担保时，他们知道这样做比较稳妥一些，投标担保略微有些不同。投标担保的金额一般相当于工程预算的十分之一左右，在竞标时与标书一起提供。如果分包商已经被告知赢得招标却又拒绝签订合同，业主有权把工程承包给次优标的竞标人。担保金额用于支付该标与次优标间的报价差额，而中标却又拒绝签订合同的竞标人将损失其担保金额。

因此，如果发标人要求提供担保，你应该确定一旦中标你确实会签订合同，否则你就需要承担罚款。

> 专家提示
>
> 担保是为了确保工程能够顺利完工。付款担保确保在工程结束时，承包商会付给供应商、零售商和分包商应得的付款。履约担保的目的是为了确保承包商会按照与业主签订的合同条款实施项目。如果分包商没有履行这些义务，担保公司就会介入，向受损失的一方提供赔偿。

对于新公司而言，获得担保比较困难。如果新公司没有雄厚的资金实力或良好的信用记录，获得担保会费尽周折。但是即使你获得了担保，那也是有风险的。如果你不履行约定，你就会损失这部分担保，转而付给发标人。由于许多人用自己的房子作

担保的抵押品，因此，一旦损失担保，房子也会随即损失掉。所以，担保是非常严肃的。但是，如果你能获得担保的话，在商业中也是比较有优势的。

大工程——大风险？

大的工程会带来较大的风险吗？当然如此。所有的工程都有风险，但是大工程确实有很大的风险。那么，是不是应该主动避开大工程呢？或许应该，但是如果你有正确的判断，并且文案工作做得很好，那么应该能够从中获利，甚至使业务蒸蒸日上。

现金流问题

承包商承包大的工程时，就会出现现金流问题。不同于小型的住宅工程，大型工程一般不提供预付款。如果你承包了这样的工程，你就需要用自己的钱或贷款运营。承包大工程时，每一笔支付的数量都会很大，有时甚至是巨大的。如果你需要向供应商和分包商支付数万美金，并且他们只等待有限的时间，否则他们就撤出工程，而你的顾客都没有及时向你付款，那么你就必须要获得其他的资金来源。我认识一位非常成功的承包商，他曾经有机会接手数百万美元的项目，但是他拒绝了。当问及原因时，他说："如果这项工程哪怕仅仅是有一笔支付没有及时到位，那就会耗干我已有的资源，并且直接损害我其他的工程，所以我宁愿不做。"真是明智的决策。想到在刚刚开始业务的前几年就能接手一桩数百万美元的工程，当然会令人兴奋，但是那项工程同样也有可能把你送上破产法庭。有些借款人会允许你使用合同作抵押借款，但是决不能把赌注都压在这上面。所以，明智的做法是，如果你想接手一项大工程，先把融资能力放在首位。

> 专家提示
>
> 承包商承包大的工程时，就会出现现金流问题。不同于小型的住宅工程，大型工程一般不提供预付款。如果你承包了这样的工程，你就需要用自己的钱或贷款运营。

付款拖延

付款缓慢是另一个问题，尽管其不一定必然与大工程联系在一起，但是在你作为承包商的职业生涯中一定会遇到。所以，承包一个大工程时，一定要时时注意你的付款安排，当然，承包付款比较拖拉的业主的一堆小活时也需要注意，新的公司尤其容易因为付款缓慢出现问题。你以为上个月就会到的支票可能要再过60天或90天才会到达，所以一定要保持你的账户可以接受汇款，并且给那些付款拖延的顾客打电话，这样，他就不会认为你仅仅只是一个会干活的商人。

收不到付款

你从来都不知道业主会在什么时候突然宣布破产，尽管破产不是好事，但却总是在最不应该发生的时候发生——就在你向业主提交一笔数额巨大的付款要求之后。了解你的顾客的财务状况非常重要，这是避免收不到货款的第一步。你可以要求业主提供一份由银行或其他借款机构出具的付款保函，如果业主的工程是依靠自有资金，获得付款保函会更加困难，但是一旦你注意到有拖延付款的迹象，你最好进行一些调查。也许这不是什么大事，但也许这就是破产程序的开始。有些承包商不太愿意让业主提供付款保函，但是如果你以一种纯粹商业事务的方式提出要求，业主一般是会理解的。

如果分包商得不到付款，供应商得不到付款，这种效应就会扩散，所有参与工程的各方都会受影响，有些人的损失可能会大一些。通常而言，如果工程出现问题，整项工程的贷款银行或借款人就会留置工程，这些借款人通常对财产具有优先留置权。

如果你是分包商，你的客户拒绝向你付款，请求施工留置权是最好的选择。如果作为总承包商，你没有收到劳力或材料的付款，可以请求向使用劳力或材料的财产行使工程留置权。如果你需要请求工程留置权，应确保你的方法是正确的。请求工程留置权有一些规则需要遵循，你当然可以自行不望，但是我认为关于这些法律事务，你和你的律师一起做会容易一些，有一些重要事项需要牢记：

> 专家提示
>
> 如果你是分包商，你的客户拒绝向你付款，请求施工留置权是最好的选择。如果作为总承包商，你没有收到劳力或材料的付款，可以请求向使用劳力或材料的财产行使工程留置权。如果你需要请求工程留置权，确保你的方法是正确的。请求工程留置权有一些规则需要遵循。你当然可以自行请求，但是我认为关于这些法律事务，你和你的律师一起会容易一些。

- 向当地政府咨询请求工程留置权的具体要求。
- 请求工程留置权一般在施工结束后固定的一段时间以内，对这一点要求需要注意。比如要求工程留置权最晚在施工后的60天内请求，现在已经是59天了，你没有请求，所以你回到施工现场把厨房水管的滤网清洁了一下，这是没有用的。多数法律都要求你在这段时间内从事“实质性的工作”，而清洁一个滤网是不能满足这个要求的。
- 因为留置权是向业主请求，你需要确保你所有的业主名称是正确的，对建筑物的描述也没有错误，这些一般都可以在城市文书办公室获得。

工程留置权实际的起草和提出申请最好都由你的律师来完成。如果留置权请求不满足（你已收到业主付款），法院会对财产进行判决，一般最后的结果是业主丧失赎回权。

如果你能收到钱，很可能是比合同数量少的钱。你可能会对这件失败的工程一直耿耿于怀，但是你应该从中吸取教训。我是不是对第一次延期付款没有注意，也没有打电话询问业主？是不是有事情正在变糟的迹象，但是我没有注意到它们，还认为一切都会好起来？试着从错误中学习。

完工日期

当你签署附有具体完工日期的合同时，你最好应做好在该日期前完成工作的准备。有些合同有逾期交付的罚款条款，即使合同没有罚款，你的信誉也很重要，当你承诺一个完工日期时，要确保你能够做到。

大型工程的合同通常还包括违约罚金，一般在合同中以超过合同约定完工期限的天数计算。每天的金额代表了业主因为没有按时完工而遭受的损失，这些违约罚金金额大小不等，从每天50美元到5000美元或更多。违约罚金和担保造成的损失可能会毁掉你的企业，经验不足的承包商一般不太善于给出大型或小型工程的具体完工日期，所以，不要签订一份你自己都不确定你能按时完工的合同。

> 专家提示：
>
> 当你签署附有具体完工日期的合同时，你最好做好在该日期前完成工作的准备。有些合同有逾期交付的罚款条款，即使合同没有罚款，你的信誉也很重要，当你承诺一个完工日期时，要确保你能够做到。

竞标过程

当你知道怎样在竞标过程中获胜时，你就踏上了迈向成功的道路。在建筑承包这方面，没有哪一个领域竞争不激烈，有些承包商可能会就此退缩，但是没有必要——有许多方法可以让你在竞争中位居前列。

投标公告的竞争特性

通过竞标方式获得承包一般困难重重。出价低者往往能够中标，但是有时在3个、4个甚至12个竞标者参与竞标的情况下，有些人会做出错误的估价，或者由于其他原因，决定给出较低的报价以获得工程。成为报价较低的竞标者能使你得到工程，但是做到后来，你可能宁愿你从来没有接手过这样的工程。如果不赚钱，从事这样的工程对你没有什么太多的好处。

> 专家提示
>
> 通过竞标方式获得承包一般困难重重。出价低者往往能够中标，但是有时在3个、4个甚至12个竞标者参与竞标的情况下，有些人会做出错误的估价，或者由于其他原因，决定给出较低的报价以获得工程。成为报价较低的竞标者能使你得到工程，但是做到后来，你可能宁愿从来没有接手过这样的工程。如果不赚钱，从事这样的工程对你没有什么太多的好处。

如果你能获得担保，就会有相当的优势。许多竞标者无法获得担保，仅仅能够获得担保这一项就会让你从竞争中胜出。当准备你要提交的竞标材料时，谨慎一些。如果你想要获得那个工程，就花足够的时间准备一份专业的投标资料。你可以和你的分包商们一起讨论，以获得最好的价格，别忘了对材料和设备也要询价，并再次检查你是否在报价中遗漏了什么或把不应包括的包括了进来。检查数学运算有没有错误，然后重复检查。在标书准备好之前，不能有任何的遗漏。

当面提交标书

如果你是当面提交标书，遵循本书各处所列出的规则，尤其是遵循下面的规则将有助于你获得成功：

- 穿着得体；
- 开一辆合适的车；
- 显得专业一些；
- 友好待人；
- 取得顾客的信任；
- 准备一份你们以前工作的相册；
- 出示你的推荐信（表）；
- 亲自演示你的标书；
- 注意回应你参与的投标的内容。

准备精确的预算

要准备精确的投标，你必须善于进行精确的预算。使用计算机预算程序还是利用纸和笔进行预算并不重要，重要的是，你的预算必须准确。如果你在预算中缺少了某些部分，但是接手了工程，你可能会遭受亏损。如果你高估了费用，你的报价可能会偏高。在赢得竞标中，准确的预算非常重要。

什么是预算？

预算就是计算为了完成工程所需要的工程量清单，通过建筑蓝图或现场勘察你可以列出完成工程所需要的每一项东西。有些预算师是预算的奇才，其他人则在列出所有需要的材料和部件时比较费力。如果你无法了解怎样做一个准确的预算，你就需要雇请其他人或者找个估算公司为你做这件事情。

使用预算表

通过使用预算表，你可以减少预算的错误。如果你使用已有的电脑程序，其中的文件可能已经包含表格。你也可能想根据自己的需要对电脑中的表格进行更改。不管你是使用标准程序还是自己制作表格，都要确保它们是全面的。

预算表应该包括完成工程所需的每一项东西，最好是你自己制作一个列出所需的每一项工作费用的表格，这样能够帮助你在计算报价时减少错误和遗漏。另外，在表格上也应该留有空间，以记录一些特殊事项。

预算表可以提醒你可能忘记的项目，但是，不要只是查看你表上已经记录的项目，极有可能还有一些东西是工程需要的，而你并未列在表上。表格是可以起到很大的帮助作用，但任何东西都替代不了你自己的检查。

做好标记

对已经数过的东西进行记录对某些承包商来说可能是个难题。如果你正在对许多计划进行预算，例如一个超市，预算的任务会非常烦琐。你最后可能遇到的问题就是，你忘记了自己数到哪里或者对已经数过的东西又数了一次。为避免这个问题，计数时对每个项目进行标记。使用不同颜色的铅笔或记号笔区分哪些你已经数过，哪些还没有数过。你可能会使用红色铅笔对门进行标记，用蓝色标记窗户，或者使用黄色记号笔标记水泥，绿色高亮记号笔标记地下雨洪或下水管道系统。

额外预算

你应该在预算表中包括一部分额外（应急）预算。如果你认为你需要 100 块胶合板，那就在这个数目的基础上再加一点，具体需要加多少根据工程的规模大小决定。许多预算师加上原数目的 3% ~5% 作为额外预算，有些承包商在他们预算的基础上加 10%。尽管工程可能很小，但我仍然认为加 10% 的额外预算会让你失去中标的机会。

还有，别忘了再加一些作为浪费的部分。只有极少的情况你可以用尽木板、胶合板或地砖的每厘米长度，通常都是有些会被浪费掉的，所以你需要在所预算的需求量上再加一些，作为不可避免的浪费用量。如果工料预算非常准确，在这个基础上再加一些很小的比例就足够了，但是如果你施工时经常发生材料不够用的情况，那就需要把额外预算的比例提高一点。

进行记录

对你每个工程所需要的材料进行记录，不要扔掉预算的文件。工程完工时，把实际用掉的材料量与你在预算时的预算量进行比较，这不仅有助于你了解钱的去向，也能提高你预算的能力。通过对工作进行记录，并把最后的消耗量与最初的预算进行比较，你可以改善投标的技巧，赢得更多的工程。

专家提示

要准备精确的投标，你必须善于进行精确的预算。使用计算机估算程序还是利用纸和笔进行预算并不重要，重要的是，你的预算必须准确。如果你在预算中缺少了某些部分，但是接手了工程，你可能会遭受亏损。如果你高估了费用，你的报价可能会偏高。在赢得竞标中，准确的预算非常重要。

表 11－1　材料预算表样本

使用数量	所需个数	单位	使用长度	大小	长度	每段截取段数	数量
1. 页脚	45	Pc	1′5″	2×6	10′	7	7
2. 伸张器	30	Pc	1′4″	2×6	8′	6	5
3. 地基配件	15	Pc	3′0″	6×6	12′	4	4
4. 拼接板	20	Pc	1′0″	1×6	8′	8	3
5. 梁	36	Pc	10′0″	2×6	10′	1	36
6. 托梁	46	Pc	10′0″	2×6	10′	1	46
7. 托梁接件	21	Pc	2′0″	1×6	8′	4	6
8. 梁桥	40	Pc	1′$\frac{3}{8}$″	2×6	8′	4	10
9. 砖石	12	Pc	10′0″	1×8	10′	1	12
10. 地板	800	BF	RL	1×6	RL	—	—

注：1′=0.3048m，1″=2.54cm。

定　价

给你的服务和产品适当定价是成为赢利型企业的重要保证。如果你的价格过低，你可能会很忙，但是你的利润却不高。如果价格过高，你可能只是闲坐着等电话而已。在最低和最高之间取得一个适当的折中是最佳的办法，难处在于如何确定这个最佳水平。

你必须了解在不丢失很多利润的前提下，如何使你的价格具有竞争力。什么是最合适的价格？不可能凭空得出。你必须通过研究建立起你的价格结构，这需要很多的研究。要确定你即将建造房屋的市场价值，与地产经纪人和评估师交谈是一个非常有效的方法。虽然经纪人很有帮助，但是我一般还是跟估价师交谈得更多一些。

当制订有意向的新房屋的建造计划时，我会与注册估价师沟通以了解房屋价值的信息。因为我本人就是一个注册经纪人，我就不必再和地产经纪人交流了。我订阅了很多服务，这些服务可以使我不断跟进市场上的情况，了解什么样的房子好卖。通过对比相似的销售和从估价师处获得信息，我就可以确定我准备建造的那所房子的最可能的实际价格。

许多新进入建筑承包行业的企业会犯一个严重的错误。当他们了解竞争对手的价格后，他们把自己的价格定得远低于其他公司的价格，以期能够获得合同。但是，定价过低有时也会给自己造成束缚，你可能引发了一个本领域的竞争者之间的价格战，使得价格和利润空间变得更低，并且可能造成潜在客户对你的疏远。作为一个管理成本很低的新公司，制定比已有公司更低的价格无可厚非，但是不要陷入低价的陷阱。

当你确定有吸引力的价格时，你必须深入调查，透过表象看到实质。有许多因素控制了你能够获得的利润，让我们来看一看什么才是可以赢利的成本加成。

表 11－2　工程估算表样本

分工名称：________________

分工地址：________________

项目	数量	描述
2″管道	100′	PVC
4″管道	40′	PVC
清洗水插口	1	PVC
直角弯头	4	PVC
联合器	3	PVC
弧形弯管	2	PVC
胶水	1 quart	PVC
清洗剂	1 quart	PVC
底漆	1 quart	PVC
Quart：夸脱（容量单位）		PVC

注：1′＝0.3048m，1″＝2.54cm，quart＝950mL。

什么是能够赢利的成本构成?

在材料之上加上多少才能有利可图?这是一个难以回答的问题。要给出一个合理的成本构成不算太难,但是定义一个能够赢利的却也非易事。

有些承包商认为10%的毛利润就足够了,其他人甚至尝试在材料的价格之上再加上35%。两方之中谁的做法是对的?你很难根据目前得到的有限的信息作出判断。仅收10%毛利润的承包商可能经营得不错,尤其是他们接手的是大型项目,材料数量也很大。而35%的毛利润率也可能是合理的,如果他们卖的都是少量的低价材料。

专家提示

你必须了解在不丢失很多利润的前提下,如何使你的价格具有竞争力。什么是最合适的价格?不可能凭空得出。你必须通过研究建立起你的价格结构。要确定你即将建造的房屋的市场价值,与地产经纪人和评估师交谈是一个非常有效的方法。虽然经纪人很有帮助,但是我一般还是跟评估师交谈得更多一些。

所以,毛利润是一个相对的概念。100000美元的10%肯定高于100美元的35%。需要根据市场条件的变化和具体工作的要求对毛利润进行调整,你也可以通过你的多数业务的平均毛利润率确定。如果你从事修理行业,卖的东西的价格都在20美元左右,如果市场可以接受,35%的毛利润率是没有问题的。如果你是建造和卖出房子,10%的毛利润率应该也足够了。某种程度上,你应该对市场条件进行调查,以确定消费者愿意为你的材料付的价格。

如果你卖的是人人都可以从当地的五金店或建材店买到的日常用品,你应该小心,不能涨价太多。顾客理解你在进价之上再加上一些毛利润,但是他们也不想被骗。如果你在新的灯具里安装了灯泡,对顾客收取的费用相当于商店里价钱的两倍,顾客肯定会不高兴,因为他们知道换个灯泡所涉及的交易一共也没多少钱,所以,仅仅想到被收取了两倍的费用他们就会觉得不爽。

如果你安装的主要都是特种物件,你可以收取高一点的毛利润。当被要求为特种物件付高一些的价钱时,人们都不会不愿意。对于小型住宅工程,20%的毛利润率一般被认为是可以接受的。当你决定高于20%时,缓慢增加并注意查看消费者的反应。现实的情况是,你可能会发现10%的比率最好,你也可能会增加至15%,但是这一般已经是大型项目的上限了。

为什么你的竞争对手能够提供如此低的价格?

这几乎是一个所有承包商都会自问的问题。市场上总有一些公司,他们似乎有某种诀窍赢得竞标，并击退其他竞争对手，你就会忍不住想他们是怎么做到的。

低价能让公司有工程可做，但并不意味着低价能让公司赢利。总销售额固然重要，但是净利润才是公司所追求的。如果一个公司没有赢利，运营业务就没多大意义。

能够以低价运营的公司有不同的原因，有些公司是以量取胜，通过一个较高的工程量，公司在每个工程上的利润都不高，但是如果能承包很多工程，总利润还是可观的。这种类型的公司较难战胜，因为他们的量很大。

我在弗吉尼亚州开展业务时用的就是这种策略。平均每个房子我的利润只有7000美元，但是我一年可以建造60个这样的房子，要知道这还是1984年的水平。如果你稍微计算一下，就知道我那时的收入还是不少的。这种以量取胜的策略在弗吉尼亚州还能发挥作用，但是到了缅因州就不行了。也许我一个人在弗吉尼亚一年建造的房屋数量比所有承包商在缅因州一年建造的房屋数量还要多。在缅因州没有足够的市场需求，因而也无法运用以量取胜的策略。

专家提示

如果你卖的是人人都可以从当地的五金店或建材店买到的日常用品，你应该小心，不能涨价太多。顾客理解你在进价之上再加上一些毛利润，但是他们也不想被骗。如果你在新的灯具里安装了灯泡，对顾客收取的费用相当于商店里价钱的两倍，顾客肯定会不高兴，因为他们知道换个灯泡所涉及的交易一共也没多少钱。所以，仅仅想到被收取了两倍的费用他们就会觉得不爽。

有些公司以很低的价格承包工程是因为他们真的不知道他们的管理成本是多少，运营业务的成本多高。例如，一个每小时赚16美元的木匠可能会认为如果独自承担业务，每小时收费25美元就非常不错，甚至，每小时收20美元就开始开展业务。在这个木匠看来，他至少比在给别人工作时每小时多赚4美元，他真的是每小时多赚了4美元吗？也对也不对，他确实是每小时多获得了4美元的报酬，但是他不会持续下去。

专家提示

能够以低价运营的公司有不同的原因。有些公司是以量取胜。通过一个较高的工程量，公司在每个工程上的利润都不高，但是如果能承包很多工程，总利润还是可观的。这种类型的公司较难战胜，因为他们的量很大。

当这个木匠以这样低的收费标准开展业务时，他可能会从当地已有的公司手里抢走一些业务。经验丰富的承包商们都知道，这么低的小时收费不足以让他的收支平衡。但是我们这位木匠，缺乏作为一个企业所有人的经验，也不了解他即将承担的所有费用，所以一旦管理成本开始侵蚀先前他认为的高额利润，并且当他发现他几乎是在无偿劳动时，可能会感到非常惊诧。

这样，一个企业所有人很快就会认识到管理成本是必须考虑的因素。保险、广告、保修服务和客户投诉、自雇税，以及其他许多以前没有考虑到的开销很快就会侵蚀利润，这种类型的企业主很快就会退出行业。

对于那些与新进入企业竞争的现有承包商而言，能够在销量短暂下降时存活下来就足以经历风雨。数月之后，新的企业或者退出市场或者把他们的价格提高到一个更加切合实际的水平。

为服务定价以寻求成功和持续发展

正确地为服务和材料定价与企业的成功和长期持续发展直接相关。为你的时间和材料确定合适的价格会非常困难。关于如何确定价格，有许多书提供了很多公式和理论，但是这些原则不总是有效的。不同的地点可能就会导致公众的支付意愿有很大的变化。关于你们企业寻找合适的定价，有数种方法可供利用，我们下面就来看一些。

> 专家提示
>
> 正确的为服务和材料定价与企业的成功和长期持续发展直接相关。为你的时间和材料确定合适的价格会非常困难。关于如何确定价格，有许多书提供了很多公式和理论，但是这些原则不总是有效的。

1. 定价指导

对于那些缺乏确定劳力和材料价值知识的企业所有人而言，定价指导会有很大帮助。但是，这些指导也会让你受挫，丢失生意。许多价值估算指导提供了一个程式以使价格因地制宜。例如，一个两车位的车库在缅因州值7500美元，在弗吉尼亚可能就值10000美元，这些价格都纯粹是理论上的。进行这种类型的调整的公式一般是用于乘以某个推荐价格的因子，通过乘积因子，任何主要城市的服务和材料的价格都可以推算。

这些估算法则背后的原理都没有问题，但它们仅仅是指导而已。我曾经读过也使用过许多这样的关于定价的书。就我个人经验而言，这些书在我从事的工作种类方面并不准确。也有很多次

> 专家提示
>
> 辅助估算的书很有帮助，虽然我不会使用这些书的定价图表作为我确定价格的唯一方法，但是我使用它们和我的图进行比较，确保我没有忘记工作的图表和阶段。许多书店都有一些此类的定价指导书作为他们的存货，另外，此类书籍也可以直接从网上订购。

书上的方法是准确的，但是仅仅依靠这些一般的定价指导，我从来都觉得不够。

辅助估算的书很有帮助，虽然我不会使用这些书的定价图表作为我确定价格的唯一方法，但是我使用它们和我的图进行比较，确保我没有忘记工作的项目或步骤（内容）。许多书店都有一些此类的定价指导书作为他们的存货，另外，此类书籍也可以直接从网上订购。

2. 研究

研究是确定价格的一个有效方法，如果你注意观察历史数据，你能从中发现许多关于你的问题的答案，你会发现经济如何在供求力量的变化间波动，在买方市场和卖方市场的变化间波动。你还可以发现价格是如何随着不同年份起伏的，可能你还能够对未来曲线的走向进行预测。历史数据可以通过查找你们当地图书馆存放的旧报纸的广告获得，也可以通过研究房产税评估或跟地产评估师交谈获得。地产评估师是定价信息非常好的来源，多数评估师愿意以小时计费的形式向承包商提供咨询。

假设你是一名普通的承包商，你建造房屋、车库、阳台，进行房屋改造和家庭装饰等。你为这些服务确定价格的方法之一是咨询有执照的地产评估师，地产评估师会告诉你对该财产的官方估价中该服务的价值。这不一定意味着评估师给出的价格就是你应该使用的最优价格，但是它们是非常有用的参考。通过花费少量的代价向评估师咨询，你可以增加数千美金原本可能是你会失去的收入。如果你的业务涉及向住宅和商业提供产品和服务，评估师是你最好的定价信息来源之一。

假设评估师对一个3m×3m（3.05米×3.05米）的阳台的估价是2000美元，你可以要求评估师对这一估价提供书面声明。当然，这个价格可能比较普通，不一定适应于所有的情况，但2000美元至少是一个比较可靠的均价。当你和客户讨论价格时，你就可以把这份书面声明作为销售工具。如果你愿意并且能够以1800美元的价格把阳台卖出去，你可以让客户明白这个价格低于市场上阳台的平均售价。

你还可以综合评估师的价格、定价指导书中给出的价格和你自己的判断，以获得一个平均价格。如果房子是新房子，评估师给出的价格一般就会是你房子的售价。除非你的顾客为了少支付现金而愿意提高价格，否则评估师的价格就是你能卖出房子的上限价格。

3. 综合方法

综合多种不同的方法是确定价格时最好的策略。确定你的收费时，使用尽可能多的研究和其他可能的资源。一旦你觉得价格比较合适，就去试一下。问问你的顾客是什么看法，再没有比你的服务对象的所提意见更有价值的了。

> 专家提示
>
> 辅助估算的书很有帮助，虽然我不使用这些书的定价图表作为我确定价格的唯一方法，但是我使用它们和我的图进行比较，确保我没有忘记工作的图表和阶段。许多书店都有一些此类的定价指导书作为他们的存货，另外，此类书籍也可以直接从网上订购。

适当展示

适当的展示对于获得业务非常重要。即使你的价格比竞争对手的高，你仍然可以通过有效的展示赢得业务，有许多出价低的承包商得不到合同的情况。作为一个承包商，你可以通过某种展示的方法把自己与其他人区别开来，有很多方法可以帮助你获得比竞争对手更多的优势。赢得竞标的途径包括你着装的方式、你开什么车、你的组织技能，还有许多其他的因素。

> 专家提示
>
> 适当的展示对于获得业务非常重要。即使你的价格比竞争对手的高，你仍然可以通过有效的展示赢得业务，有许多出价低的承包商得不到合同的情况。作为一个承包商，你可以通过某种展示的方法把自己与其他人区别开来。有很多方法可以帮助你获得比竞争对手更多的优势。赢得竞标的途径包括你着装的方式、你开什么车、你的组织技能，还有许多其他的因素。

如果你开始了解如何让客户觉得你会创造更多的价值，你就能够创造出你的时间和精力的最大价值。人们总是愿意为他们想要得到的东西付更高的价格，而你的工作是让顾客相信你可以提供更好的产品和服务，下面我们就介绍一些多年来被证明行之有效的方法。

邮寄注意事项

如果你知道到底有多少承包商向同一位客户提供报价并等待回复，你一定会感到惊诧，而有许多承包商根本就收不到客户的回复，所以向潜在客户邮寄标书可能并不是最有效的方法。如果客户同时也邀请了许多竞争对手参与投标，他们很可能仅仅参考最低的报价，并据此做出决定。而你想让客户了解你所能提供的附加价值，所以你需要更好的展示方式，而不只是一份冷冰冰的邮件。

如果你必须寄送你的方案，要确保你的整套资料非常专业。使用打印的表格和信纸，而不是带有你们公司名称的普通纸张。使用厚一点的纸和专业的色彩。把你的报价打印出来，要避免明显的错误修改的痕迹。如果你是通过邮寄的方式把报价交给客户，必须让你的展示整洁有序、条理清晰、引人注目，并且专业、可信。有电脑的帮助，制作一份整洁的展示册应该不难，你可以使用自己特有的信头，如果有彩色打印机，也可以使用多种色彩。最后用上好的活页夹夹起来装入信封，这些办公用品都可以在当地的办公用品商店购买。这样，你就做出一份一流的方案了。

专家提示

如果你知道到底有多少承包商向同一位客户提供报价并等待回复，你一定会感到惊诧，而有许多承包商根本就收不到客户的回复。向潜在客户邮寄标书可能并不是最有效的方法。如果客户同时也邀请了许多竞争对手参与投标，他们很可能仅仅参考最低的报价，并据此做出决定。而你想让客户了解你所能提供的附加价值，所以你需要更好的展示方式，而不只是一份冷冰冰的邮件。

正确使用电话

通过电话非常正式地提出你的方案并不是合适的方法。当你打电话告诉客户你的报价时，人们根本看不到他们能得到什么，也看不到报价的这个人。他们无法保留你的报价并进行评估。极有可能客户把你的报价记在一张小纸片上，然后很快小纸片就找不到了。电话报价也会使投标者看起来不够热情，因为他们竟然连制作一份专业投标方案的时间都不肯花。一般而言，应该通过电话领先于竞争对手进行联络，然后确定见面的安排，接下来就是报价，但是不能使用电话告诉潜在客户你们的报价和方案。

着装得体

承包商的着装也有很多讲究，根据卖的东西不同、客户不同，着装也不相同。不管你穿什么，都要干净整洁。以一种你自己感到舒适的方式着装，如果你穿三件套不舒服，那么在客户面前的展示肯定也不理想。如果你常穿制服，展示方案的时候也可以穿，但是要注意干净、平整。牛仔裤也是可以的，靴子也行，但是再次强调，必须要干净、整齐。切忌穿破烂的、有污点的衣服，因为这不仅体现了你个人的素养，也体现了你要推销的产品的品质，你一定不想让客户连想请你坐下的勇气都没有。

当你决定穿什么时，考虑一下你将要会见的客户的类型。如果客户可能穿得很随意，那你也应该穿得随意一些。如果你认为套装和你的客户的服饰比较搭配，那就穿套装。如果着装过于讲究，客户可能会不安。最后，不要带俗艳的珠宝，那样只会让客户对你反感，丢掉生意。

用车适当

你开什么样的车也能让顾客对你有一些了解。如果你开非常昂贵的轿车或卡车，你也在向你的客户释放某种信息。顾客向窗外张望时，看到承包商从一辆名贵、花哨的车里出来，他们会认为你的价钱一样花哨。如果你开一辆破旧的、即将报废的卡车，客户为认为你不成功。

为你的销售拜访活动选择最合适的车和选择衣服有些类似，你需要一辆车能够恰到好处地展示你。一辆厢型车或带车兜的皮卡车在多数情况下就够了，轿车也可以用于客户拜访，但是不能使用你仅仅为拜访高端客户才使用的跑车。

> 专家提示
>
> 承包商的着装也有很多讲究，根据卖的东西不同、客户不同，着装也不相同。不管你穿什么，都要干净整洁。以一种你自己感到舒适的方式着装。选择那些能跟你的客户搭配的衣着。如果着装过于讲究，客户可能会不安。最后，不要带俗艳的珠宝，那样只会让客户对你反感，丢掉生意。

自信——成功之要诀

自信是获得成功的要诀。你对自己必须要有自信，并且，在顾客心目中创造这种信任。如果你获得了客户的信任，你几乎总是可以拿到单子。你的自信会随着经验积累增加，但是你必须要了解如何建立客户对你的信任。

客户信任经常可以通过与客户交谈的方式获得。如果你能够坐下来与客户聊一个小时，获得工程的机会就会大大增加。向客户展示你工作的样板有助于增加信任，过去的客户的推荐信也会有助于建立信任。如果你具有合适的性格和销售技巧，通过简单的谈话也可以创造信任。

作为企业所有人，你也是一名专业销售人员，或者，至少你需要了解怎样成为一名专业销售人员。除非你雇用外面的销售人员，否则与客户打交道的就是你自己了。如果你学习了基本的销售技巧，即使你的价格高于竞争对手，你也会成为一名成功的承包商。

了解自己的优势

你必须了解自己的竞争优势，你对服务和材料的定价如何将受到竞争的影响。你的价格应该与那些富有信誉的竞争对手的价格不相上下。如果你的价格过高，你会没有太多的业务；反之，如果过低，你可能会有很多工作，但利润却很低。

有效的估算

有效的估算技巧有多种形式。对一个人起作用的未必对另外一个人起作用。通过从自己的错误和成功中学习，你可以发展出属于你自己的独特的估价方法并一次又一次地使用。也许根据不同的客户，你需要更换技巧，但是一桩成功的销售背后所包含的基本原则却是共同的，它们在另一次销售中同样有效。

专家提示

通过参考估算及定价的指导书，你会了解估算的技巧。回顾你过去工程中的信息可以计算出单位成本和平均每平方英尺的成本，向你的分包商询问他们参与的特定的工作所需要的费用。

通过参考估算及定价的指导书，你会了解估算的技巧。回顾你过去工程中的信息可以计算出单位成本和平均每平方英尺的成本，向你的分包商询问他们参与的特定的工作所需要的费用。

你所学到的绝大多数方法将来源于经验。从自己的错误中学习可能需要付出高昂的代价，但是却不会轻易忘记。最重要的因素之一就是估算中的对不同要素的有效组织，如果你组织得很好，你完成一个完整的、无遗漏的预算的把握就会大大增多。

表 11－3　成本计算样表

项目/阶段	劳力	材料	合计
平面			
规格/要求			
许可证			
垃圾存放			
垃圾运送			
拆除			
倾倒费用			
预埋管道			
预埋电线			
预埋供暖/空调			
毛坯地板			
保温			
石膏板			
瓷砖			
衣橱			
护壁板修整			
窗户修整			
门修整			
油漆/墙纸			

续表

项目/阶段	劳力	材料	合计
底料			
完成地板铺设			
衣橱架			
衣柜门及五金配件			
主门及五金配件			
壁柜			
地柜			
厨房操作台			
管道安装			
切割管道材料			
最终铺设管道			
淋浴隔间			
灯具安装			
切割电力材料			
最终电线铺设			
切割供暖/空调材料			
供暖/空调最后安装			
浴室配件			
清理			
垃圾清理			
窗户整理			
其他处理（Personal touch）			
贷款成本			
杂项费用			
额外费用			
机动成本（Margin of error）			
总估算造价			

第十二章　利用可持续的建筑业务创造更多的钱

利用可持续的建筑业务创造更多的钱是一个不好的手段吗？当然不是这样的，因为你是在经商赚钱。众所周知，通过在建造过程中运用环境友好型方法，你是在为地球的寿命做贡献。许多人愿意为保护环境而支付更多的钱，所以我再问一遍，这是一件坏事吗？当然不是。

由于人们需要住所来生活和工作，建筑物随之而诞生。使用可持续产品和业务是你所承担的责任。众所周知，建造绿色建筑成本很高，但人们愿意为之付钱，这就是为什么可以通过做这样正确的事情来赚钱的原因了。

赚钱的技巧是什么？这并不存在。对所有的参与者来说这都是双赢的结果。你赚了更多的钱，顾客也很高兴，并且环境也会从中获益。还有比这更好的吗？我所说的这些引起你的注意力了吗？好的，让我们继续在迅速发展的绿色建筑行业中如何大攒一笔的探险旅程吧。

为什么要支付更多?

为什么要为看似同样的住宅或办公楼支付更多的钱？这是一些建造商在考虑成为绿色建造商时要问自己的一个问题。并非每个人都愿意为环境友好型建筑支付更多的钱，而且很有可能会有一部分人要去寻找他们所能找到的最便宜的建筑。

你会为了拯救一棵树多花点钱，或者减少住宅的采暖燃料吗？它是对未来的一笔投资还是只是为了骗取你口袋里的钱呢？市场上的每个人都得回答这些问题。我们大部分人都会理解这种做法，并且将重点放在为了野生动物和子孙后代而保护我们的环境上。但我们是否愿意为做这种正确的事而付费呢？这是很有争议的，但是在建筑中履行这种责任的趋势越来越明显了。

不妨看看我们对交通工具的评定吧。有的人有电动车，有的人有被称作油老虎的汽车。很少有建造商会喜欢小轿车，他们需要卡车和货车。这与可持续性建筑有什么关系呢？它只是打开了一扇选择之门，为了保护环境，你不必把所有的事情都做成绿色的。

医生们经常说适度是健康的关键，在可持续性的建筑业中也是适用的。并非把所有的建筑建成绿色的才是实际的，我所说的是并非要改变所有人的观念，尽管这是事实。改变是需要时间的，并且改变就要到来了，你都可以计算一下时间，但它要多快才能到达你所在的乡镇或城市呢?

这本书打算帮你成为一名绿色建造商。因为在建筑业中待了大约30年，我了解以前所留下来的规矩，这些规矩已经被年复一年地学习了很多遍。我的方向是个人的研究和教育，我相信克服自满是赢得顾客信任的第一步。所以说，让我们看看你是怎样因成为绿色建造商而获益的吧。

> 专家提示
>
> 许多人开始寻找环境友好建筑项目，这些潜在的顾客对环境有强烈的想法而且愿意为保护它而付更多的钱。既然正常情况下建造商会从建造一座建筑物的总成本中获得一定比例的报酬，那么结果将是你的口袋里会有更多的钱，但要利用这一点，你必须成为一名有名的绿色建造商。

有什么东西会让人们为了同样大小的绿色住宅付更多的钱呢？那就是教育，你需要教育你的顾客。挂一张牌子说你是一名绿色建造商是没用的，如果能够运作成功的话，绿色建筑的建造过程将会对你帮助很大。

许多人开始寻找环境友好型建筑项目，这些潜在的顾客对环境有着自己强烈的想法而且愿意为保护它而付更多的钱。既然在正常情况下建造商会从建造一座建筑物的总成本中获得一定比例的报酬，那么结果将是你的口袋里会有更多的钱，但要利用这一点，你必须成为一名知名的绿色建造商。

人们每天都在寻找那些帮助自己成为可持续建造商的建造商。一旦你受过这方面的教育，你就可以去教育你的潜在顾客。提高知识是一个因素，但你知识的深度和广度是其中的关键点。而如果你只有几个项目的经历，你将不得不卷铺盖走人。

销售训练

考虑通过参加一些销售培训来增加你的销售及收益。作为一名可持续建造商来说，这是个很好的理由，但是如果你销售得不好的话，这些房子也卖不到好的价钱。如果你不擅长销售，你可以雇用擅长销售的员工。你需要在潜在顾客面前获得你想要的信息、目标以及价值，如果你更适合将时间花在管理上，那么就雇用一位销售人员。

理想情况下，你应当成为最棒的推销员。毕竟这是你的业务、生活和金钱来源。

> 专家提示
>
> 考虑通过参加一些销售培训来增加你的销售及收益。作为一名可持续建造商来说，这是个很好的理由，但是如果你的销售不好的话，这些房子也卖不到好的价钱。如果你不擅长于销售，你可以雇佣擅长销售的员工。你需要在潜在顾客面前获得你想要的信息、目标以及价值。

学习推销自己以及你的服务并不需要耗费太长的时间，你可以从有关销售的书籍中学到很多。有些人认为推销员的声誉不好，这并非实际情况，把你的推销演讲当做一堂咨询课吧。

无意义的资源浪费不是一件值得骄傲的事。另外，绿色建筑会通过自身的改变来适应不同的气候与季节，许多顾客看重这一点。一旦你成为一名知名的绿色建造商，你就会拥有一批忠实的客户。承包商的不良信息传播得特别快，好的消息为人所知则需要更长的时间，但这却是一个更好的状态。建造你信任的东西，当人们了解之后，他们往往愿意为更好的建筑多支付钱。推销有许多形式，在这种情况下，你的推销词将很简单，就如提醒人们他们多支付的费用是用在什么地方，以及众所周知你的产品将如何维护生命安全一样。

使用数学

作为一名绿色建造商，需要通过使用数学公式来计算如何攒钱。众所周知，建造商会给建造成本加上一定的比例作为出售价，这个比例是不定的，但通常是 20% 的比例。如果你建一栋住宅的成本是 30 万美元，那么把它的价格定为 36 万美元比较合理，你可以因此从每栋住宅中获得一笔很好的收入。

绿色的原材料价格更高，这是众所周知的。当成本提高时，潜在的收益也会提高。如果一栋传统住宅要花费 30 万美元来建造，那么建造一栋绿色住宅就需要花费更多的资金，同时你可以在提高的价格上获得一定比例的收入。这个比例可能不是同等金额的，但当你负责任地建造时你就有增加收入的空间。

了解你的产品

在你介绍自己是一名绿色建造商之前要彻底了解你的产品，在市场上寻找绿色建筑的人通常已经做过足够多的研究了。在你成为绿色建造商之前，你得了解绿色的概念并且对可能被提到的问题做好回答准备。没有什么会比一个不了解最新潮流和选择的承包商更容易毁掉一笔交易了。如果你撞见一些对你的工作了解得比你还多的潜在顾客，那么他们很可能不会成为你的顾客。

许多建造商喜欢做建设项目，但喜欢做研究的人却没有那么多。如果你打算成为绿色建造商，就要克服这一点，你应该在教育你的顾客之前教育你自己。付出你应有的勤奋来沉浸到学习的氛围中，这是你能使自己绿色化的唯一最有效的途径。

> 专家提示：
>
> 在你介绍自己是一名绿色建造商之前要彻底了解你的产品。在市场上寻找绿色建筑的人通常已经做过足够多的研究了。在你成为绿色建造商之前，你得了解绿色的概念并且对可能为提到的问题做好回答准备。没有什么会比一个不了解最新潮流和选择的承包商更容易毁掉一笔交易了。如果你撞见一些对你的工作了解得比你还多的潜在顾客，那么他们很可能不会成为你的顾客。

保护未来

作为一名绿色建造商，你正为保护我们的未来做着贡献。你能为你正在做的事感到快乐，而且你也会看到在你做事的过程中存在着很大的利润空间。应该让人们意识到他们所做的选择以及做出决定所需的花费。

> 专家提示：
>
> 作为一家绿色建造商，你正为保护我们的未来做着贡献。你能为你正在做的事感到快乐，而且你也会看到在你做事的过程中存在着很大的利润空间。应该让人们意识到他们所做的选择以及做出决定所需的花费。

一位住宅的购买者是否会为保护一棵树而放弃餐厅里雅致的吊灯呢？购买者是否会考虑放弃心仪的餐厅设计而为一栋绿色住宅支付额外的费用？如果你是一名负责任的建造商，你是否能够有负责任的购买者呢？并非每个人都会为森林中树木的砍伐而辗转反侧，但不少购买者正在向环保转变，这些人就是你的顾客。一旦你知道如何扮演一名负责任的建造商的角色，你将会拥有大量的机会。这就是你在为自己赚钱的同时又能保护环境的机会，这正是一个双赢的局面，所以去争取吧。

第十三章　精明地发展你的业务

你的公众形象值多少钱？你所表现出来的商业形象的类型，就意味着成功与失败之间的差别。人们很快就能将商标与其使用者联系起来，在你所有的广告中，商标能够很好地使读者熟识你的公司。你为公司选择的名字很重要，是需要字勘句酌的，有的名字会比其他名字更容易让人记住。名字能够创造一个心理形象，一个你要为你的业务寻找的形象。如果你的目的是做长远业务，公司的名字就不应该过于个人化，因为新业主可能不喜欢做一个带有你个人名字的公司的业务。

公司的形象能够影响客户类型以及业务吸引力，你的业务优势来源于你在社区团体中的投入，如何塑造你的商业形象才能使你超越竞争呢？

我们很难为你的公众形象定价。虽然我们难以用金钱公式来衡量你的形象，但却很容易看到一个不良的形象是如何毁掉你的业务的。公众形象有很多方面，你的工具、货车、标志、广告还有制服，都对公司形象有很大影响。这一章将详细阐述这些因素以及其他因素是怎样支撑或毁掉你的业务的。

 公众的看法是战斗的一半

公众对你的业务的看法是这场战斗取胜的一半，如果你给顾客看到的是一个成功的业务形象，那么你成功的机会就会增加。相反，如果你不塑造一个坚强有力的公众形象，你的业务就可能会陷入困境。

公众是如何判断你的公众形象的？有许多因素可以让公众对你的业务产生印象。拿你的卡车来说吧，一个旧的、破破烂烂的小货车，带着花纹都磨光了的轮胎和一个用钢丝挂起来的牌照会给人什么样的印象？

把你的公司名称标在你的业务车上很重要。

> 专家提示
>
> 把你的公司名称标在你的业务车上很重要。人们在市镇上碰见你的车越多，就越能记住你的名字并且使你增强信心。你可以使用磁性标志或专业编码，但不要很随意地把字母贴在你的卡车上。记住，你是在把你公司的名称贴到那里给全世界人看的。你最终会吸引人的注意力，但不要用那种不好的方式去吸引注意力。

人们在市镇上碰见你的车越多，就越能记住你的名字并且使你增强信心。你可以使用磁性标志或专业编码，但不要很随意地把字母贴在你的卡车上。记住，你是在把你公司的名称贴到那里给全世界人看的。你最终会吸引人的注意力，但不要用那种不好的方式去吸引注意力。

在电话簿上刊登你的广告是塑造公司形象的另一个主要步骤。当人们翻开电话簿时，一份漂亮的广告将会让他们搜索的目光停下来。一份吸引眼球的广告将为你争得可能被竞争者拿走的业务。

在我们讨论电话簿的时候，也不要忘记电话礼仪。电话经常是你和潜在顾客的个人联系的第一座桥梁。如果你在咨询阶段失去客户，你的业务将受到影响；如果你允许小孩子来接业务电话你将失去客户；一个带有唐突信息的电话回复则肯定是一种失去潜在客户的因素。电话回复可能会使你失去商机，但也是一种可接受的经营方式。打来电话的顾客希望得到专业的回复。如果你在电话回复上安装一个不专业的或令人讨厌的磁带的话，未来的顾客肯定会挂上电话。

任何一个专业的销售员都会告诉你为了保证成功，你必须保持一种销售模式。不管你在哪里或者你在做什么，你每天都得准备好用各种方式来培训销售员和塑造商业形象，商业形象的下滑是你承担不起的。

如果你的公司拥有良好的企业形象，你的客户会随之而来。他们会看你的车、工作标志、广告，而且会给你打电话。当一个客户给承包商打电话时，他通常会关心你能否把工作做好，而你的形象将帮助你接下这份工作。塑造并表现正确的形象，你就已经做好了大半的买卖。

专家提示

如果你的公司拥有良好的企业形象，你的客户会随之而来。他们会看你的车、工作标志、广告，而且会给你打电话。当一个客户给承包商打电话时，他通常会关心你能否把工作做好，而你的形象将帮助你接下这份工作。塑造并表现正确的形象，你就已经做好了大半的买卖。

挑选公司名称和商标

挑选公司名称和商标应该被看成是你塑造公司形象的一个主要步骤，你选择的名称和商标将伴随公司很多年。在你决定使用一个名称或商标之前，你需要仔细研究和思考，你需要问自己许多问题。比如说，你计划在将来卖掉你的企业吗？如果有，那么选一个能让每个人都觉得舒服的名称。“绿色设计先锋”这样的名称能适用于每个人，而像“罗恩绿色改造”这样的名称则很难被一个新的主人接受。这只是一个例子，让我们继续看看挑选公司名称和商标需要考虑的其他因素。

公司名称

公司名称包含着它所代表的企业的很多信息，例如，高科技加热承包公司对一个具有专业化的新式加热技术和系统的公司来说就是一个好名字。无限太阳能系统对一个生产太阳能加热系统的公司来说也是一个好名字。正宗风俗披肩则是专业制造时代模式披肩的公司的好名字。像吉姆普通住宅这样的名称好吗？这个也能将就但不是很好。一个更好的名称是吉姆普及型首次置业。它能告诉顾客，这里有一个出售他们能支付得起的第一所住宅的吉姆公司。让我们看看一个名称是怎么影响你的业务形象的？

> 专家提示
>
> 公司名称包含着它所代表的企业的很多信息，例如，高科技加热承包公司对一个具有专业化的新式加热技术和系统的公司来说就是一个好名字。无限太阳能系统对一个生产太阳能加热系统的公司来说也是一个好名字。正宗风俗披肩则是专业制造时代模式的披肩公司的好名字。像吉姆普通住宅这样的名称好吗？这个也能将就但不是很好。一个更好的名称是吉姆普及型首次置业。它能告诉顾客，这里有一个出售他们能支付得起的第一所住宅的吉姆公司。

你的公司名称应该是一个既为你所喜欢，又能起作用的名字。如果名称能够包含企业的信息，你就具备了无形的优势。事实证明人们能够记住在面前重复出现的事物，当你每周都在报纸上刊登同一条广告时，人们就会记住你的广告。即便人们没有意识到这点，他们也已经下意识地记住了你的公司名称或商标。然后，当这些人在浏览电话簿查找建造商时，一旦看到你的名称或商标，你的机会就来了。

如果人们对你的广告有稳固的印象，你的名称或商标就会脱颖而出。毋庸置疑，经常性地见到你的广告的人将会记住你的广告。

广告的费用昂贵，但却可以为你的花费带来同样大的回报。如果你在浏览报纸的时候看到一个像唐葛屋公司这样的名字，你会联想到什么？这样的名字没有什么描述性而且可以用于各种不同类型的企业。

反过来说，如果你看到一个像甲板专家这样的名字你可能就会联想到甲板。如果名字是白光电子服务，你可能会想到电子公司。而像家园住宅这样的名称则会给你一幅清晰的景象：一个能够提供温暖舒适住宅的公司。

你企业的名称越能和你的业务类型划等号，对你就越有利。如果你能再加一些描述性的词，你的顾客就可以从名称上了解到更多的信息。

为你的公司挑选一个流畅的名称同样很有帮助。先锋管道（Pioneer Plumbing）这个名称听起来如何？这两个字都以“P”开头，而且放在一起也很好。像罗恩重造、麦克石匠这样的名称听起来都不错。相反，像唐葛屋加热和空气调节这样的名字则不是很好。像污物吸管这样的名字很顺而且适合为化粪池提供服务的公司，但可能有些人会讨厌它。你公司的名称很能够说明你的企业，可能你要为你的公司取些像最好的建造商或最好的建筑这样完美的名称了。一定要找一个能突出你的最佳特征的名称。

商标

商标和公司名称同样重要。商标是公司借以展示自己的图形标志，在市场和广告上扮演着重要角色。即便人们记不住一个具体的广告甚至一个公司的名称，他们也很可能记住显眼的商标。如果你尽力去想，我敢打赌你能够举出最少十个给你留下印象的商标来。

> 专家提示
>
> 商标和公司名称同样重要。商标是公司借以展示自己的图形标志，在市场和广告上扮演着重要角色。即便人们记不住一个具体的广告甚至一个公司的名称，他们也很可能记住显眼的商标。如果你尽力去想，我敢打赌你能够举出最少十个给你留下印象的商标来。

大多数公司都知道商标的市场价值并且会投入大量的时间和财力用于寻找能够代表其公司的合适的标志。就像口语和拟声词一样，商标经常比公司名称更容易让人记住。

你记得是哪个汽油公司在你的油箱上加上一只老虎牌子吗？在可乐大战中，谁在做“正确的事”？如果你去买轮胎你会想起哪个广告？我猜你会想起那个在某个牌子的轮胎中间骑着车跑的小孩。是谁使你拿起电话跟他联系的？你看，我们很容易记住广告、口语和拟声词，同样也很容易记住商标。

> 专家提示
>
> 如果创造形象和市场对你来说很困难，你可以去咨询这方面的专家，这对你会很有帮助。选择合适的名称和商标很重要，值得你在上面花费时间和财力。当然，在财政支出上是有限制的，但如果你能够支付得了，就应该在设计公司形象的时候征求专家的意见。

你的商标不需要搞得太复杂，其实，它可能只是你公司名称的首写字母而已。还有，你也可能有一个非常复杂的商标，它融合了一幅你的业务图像。我喜欢的商标之一来自一个房地产公司，他的商标描绘出一只载满动物的诺亚方舟。方舟上面有这样一句话，“寻找陆地?”这个公司是卖地产的，而这个商标既有幽默感又适合这种场合。

如果创造形象和市场对你来说很困难，你可以去咨询这方面的专家，这对你会很有帮助。选择合适的名称和商标很重要，值得你在上面花费时间和财力。当然，在财政支出上是有限制的，但如果你能够支付得了，就应该在设计公司形象的时候征求专家的意见。

你的形象如何影响你的客户群和费用表

你的形象如何影响你的客户群和费用表？形象不是企业的全部，却是成功的一大组成部分。现在人们对承包商的选择很谨慎，公众听到过许多关于盗窃和骗子承包商的可怕故事，其中一些是真实存在的，而且公众也有权利去关心这些问题。随着消费者认知能力的提高，形象变得比以前更重要了。让我们快速地浏览下面三个做销售拜访的例子。

视觉形象

你和你的商业项目的视觉形象会影响公司的收益。在第一个例子里，一个承包商在上场做报价时穿着破旧的工作服，开着一辆破旧的卡车。这样的形象即使不会冒犯或疏离某些顾客，也肯定会让许多顾客跑掉。

相反，你也可能会过于注重形象。当你穿着西装开着一辆比客户的汽车还贵的豪华轿车时，一些业主会对你产生好感，特别是当你为高端市场提供服务的时候。所以你应当调整你所表现出来的形象使之适合你的销售项目和你面对的客户类型。

如果你穿着整洁，即使是便装，同时开着一辆高档且保养良好的车，你吸引群众注意力的机会都会增加。通过穿着使你更像个可信任的懂技术的贸易人员，你会给人一个了解合同交易的形象；你的车看起来专业且成功。我觉得，这样的组合往往是最佳的。

同样的基本原则也适用于你的办公室。如果你的办公室墙上有不止一个的洞，里面摆着一部电话，一张旧桌子和两把破椅子，人们会怀疑你公司资金的稳定性。然而，如果你的公司雇用若干职工，装饰有昂贵的艺术品和设备，又坐落在一个地价昂贵的地方，客户会猜想你的要价肯定很高。适中地安排办公室的陈设往往是最佳选择。

> **专家提示**
>
> 如果你穿着整洁，即使是便装，同时开着一辆高档且保养良好的车，你吸引群众注意力的机会就会增加。通过穿着使你更像个可信任的懂技术的贸易人员，你会给人一个了解合同交易的形象。你的车看起来专业且成功。我觉得，这样的组合往往是最佳的。

费用因素

你所提供服务的费用表和形象有什么关系呢？在很大程度上，人们觉得他们得到了他们为之付费的东西，所以你所表现出来的形象对你的酬金有直接影响。

如果你的客户相信你是一名专家，他们往往愿意支付专家费用。提高你的形象使顾客觉得跟你做生意是可靠的，你就可能获得更高的酬金。当你成为一名专家时，你就能够要更高的酬金。设想一下：你的家庭医生和一个心脏病专家，哪个人小时收入更高？当使你的一名客户相信没有人能够造出一座比你的更好的绿色住宅时，你就在创造一个收取更高费用的案例。

我从事厨房和浴室改造已经有好多年了，我的员工除了做厨房和浴室改造外不做其他工作。当你整天从事同一类型的工作时，你就会变得非常专业。

以我在这个专业改造领域的经验，我可以先于大多数竞争者预见问题并且找到解决办法。这种专业经验使我在客户面前更有价值。我可以不把墙壁挖开，沿着墙壁在他们的厨房和阁楼接上一条两英寸口径的管子，我能够精确估计先打开再补上一个地下室浴室的混凝土地板需要多长时间。总的来说，在专业方面我成了一位富有竞争力的专家，而且我可以合乎情理地为我的服务提出我自己的价格，你也可以在绿色住宅方面做同样的事。

如果你有一门特殊的技术，并且能够在你的顾客面前展示你为什么比你的竞争者更有价值，顾客会很乐意为你的专业技术支付额外的费用，在某个具体的领域塑造一个稳固的专业形象是很有利的。

一旦你塑造了一个形象，就很难改变

一旦你塑造了一个形象，就很难改变。如果你已经在运营一个企业，改变你的形象会比塑造一个新形象更难。如果你在塑造公司形象的时候发现了存在的瑕疵，就要改变它。利用足够的时间、人力和财力，你能够使你公司的形象焕然一新。

> 专家提示
>
> 一旦你塑造起一个形象，就很难改变。如果你已经在运营一个企业，改变你的形象会比塑造一个新形象更难。如果你在塑造公司形象的时候发现了存在的瑕疵，就要改变它。利用足够的时间、人力和财力，你能够使你公司的形象焕然一新。

让我们假设你在创办企业时没有经过深思熟虑。你随意地选了一个名称，而且你从没抽出足够的时间去设计商标，现在你意识到这阻碍了公司的腾飞。你该怎么办？你必须做出改变以矫正错误。

你可以设计一个商标，也可以改变公司的运

营方向，而改变公司的名字则会很棘手。如果你唐突地更改名称，你可能会失去现有的客户，那么你应该如何通过改变名称来达到你的目的呢？其实这个过程没有你想象的那么困难。

当你希望改变现在的公司名称时，为你目前的客户拟一个邮寄的意见征集活动，给你所有的客户发邮件向他们征求对公司新名称的建议。解释说为了公司的成长和扩大公司需要更改名称，例如为了反映你提供的新服务。向你目前的顾客再三说明公司并没有被收购也没有换新的管理系统——然而如果你需要改变一个不良形象的话，声称换了一个新的管理系统可能是一个好主意。

> 专家提示
>
> 当你希望改变现在的公司名称时，为你目前的客户拟一个邮寄的意见征集活动，给你所有的客户发邮件向他们征求对公司新名称的建议。解释说为了公司的成长和扩大公司需要更改名称，例如为了反映你提供的新服务。向你目前的顾客再三说明公司并没有被收购也没有换新的管理系统——然而如果你需要改变一个不良形象的话，声称换了一个新的管理系统可能是一个好主意。

开始用新的公司名称和商标做新广告，用新的名称去创业，同时说服你过去的客户关注你扩大公司的行动。当这个方法起作用时，最好在你开始创业之前就投入时间和精力去塑造一个良好的企业形象。在第一次就把工作做好总比到后面再返回来改正缺陷更容易。

把你和大众区分开来

为了使你的企业优于一般企业，你必须把自己和大众区分开来。你可以使用商标、公司颜色、广告语和适合你企业的其他任何方式。已经讨论过商标了，让我们再看看其他一些能使你企业具有独特形象的方式。

公司颜色

公司的颜色是吸引注意力以及在整个城镇出名的一种方式。如果你不认为颜色能够带来差异，你可以去问问那些开黄色车子的出租车司机。需要另一个例子？看看红色、白色和蓝色吧——它们对你来说意味着什么？颜色会对我们想

> 专家提示
>
> 公司的颜色是吸引注意力以及在整个城镇出名的一种方式。如果你不认为颜色能够带来差异，你可以去问问那些开黄色车子的出租车司机。需要另一个例子？看看红色、白色和蓝色吧——它们对你来说意味着什么？颜色会对我们想到的东西，以及我们想到这个东西时的环境有强烈的影响。

到的东西，以及我们想到这个东西时的环境有强烈的影响。

在颜色设计上有专业的顾问，这些专家和公司一起设计能够吸引顾客的颜色。不同的颜色会影响人们的思考、情感和反应。我们听说过公牛进攻红色旗子，但听过它们会进攻绿色旗子吗？你知道，旗子的颜色是不是不一样并不重要，重要的是这个颜色对我们来说意味着什么。我们相信红色会让一头公牛发疯，但我打赌一定有些公牛只进攻蓝色旗子。

看看我们的观念中是怎么通过头发来把人们的个性区分开来的吧。人们通常认为红色头发的人脾气暴躁容易发火，金发的人被认为比较幽默。显然，头发的颜色并不能使他们变得愚蠢、幽默或暴躁。

为你的公司选择正确的颜色很重要。你会认真对待一个从画着花的粉红色车子里出来的人吗？车子的颜色和装饰可能与建造商的技术水平无关，但它却能让人产生第一印象。你应该慎重选择公司的颜色。

你的卡车颜色可能会受你的私家车颜色的影响。一队颜色整齐划一的卡车会比一队有不同牌子和颜色的卡车更能给人留下印象。统一的队伍给人的印象更好。

企业信纸的颜色也很重要，使用荧光橙的信纸和石灰绿的信封是不合适的。虽然它们也能引人注意并让人记住，但这种印象不大可能是你想要创造的。对大多数企业来说，黄褐色、象牙色、浅蓝色或白色都是可以接受的信纸颜色。

卡车上的字母和工地标志的颜色同样很重要。如果你的卡车是深蓝色的，白色的字母会比黑色字母更显眼一些。如果卡车是白色的，黑色或蓝色字母会好些。如果是工地标志，选择背景颜色和字母颜色对比鲜明的色彩很重要。为了让标志能够在远一点的地方被看到，合适的大小也很重要。当你和标志油漆工或商人讨论的时候，你可以检查样品看看不同的颜色是怎么搭配的。现在，我们来估计一下公司广告语的价值吧。

广告语

公司名称不一定被记住，但广告语经常会被记住。如果你想在收音机或电视上做广告，广告语就特别重要。既然收音机和电视能够提供可以听到的广告，容易记住的广告语就很容易给人留下印象并记住。当你在报纸和其他印刷品上登广告时，广告语是联想到你公司的关键词。

做一个简单的试验。下面我问你一个问题（不准偷看答案），请你用最快速度想出一个公司来。哪个比萨公司有外卖？如果你想到达美乐比萨，那我就猜对了。达美乐已在激烈的商业竞争中获得了巨大的成功。他们盒子上的商标就是达美乐。许多比萨公司有外卖，但如果你住在一个有达美乐的地方，当你想到比萨外卖时就不可能不会想到达美乐。这个事实并非偶然，我确信达美乐的智囊团在塑造这个形象上花费过巨资。

> 专家提示
>
> 公司名称不一定被记住，但广告语经常会被记住。如果你想在收音机或电视上做广告，广告语就特别重要。既然收音机和电视能够提供可以听到的广告，容易记住的广告语就很容易给人留下印象并记住。当你在报纸和其他印刷品上登广告时，广告语是联想到你公司的关键词。

金色拱门（译注：例如麦当劳的金色拱门）是好市场的另一个例子，因为你可以以你的方式去理解这个广告语。所有的大众食品专营店都有商标、广告语、颜色和其他标志。它们的市场和广告都很贵，但它们能起作用。广告只有在不起作用的时候才花钱。如果昂贵的广告起作用，就能够给你带来钱财。

为你的企业想出一句广告语可能会花一段时间，但这份努力是值得的。如果你需要灵感，你可以看看其他成功公司的案例。从他们的广告语中获得启发，但不要使用别人的广告语。

通过稳固的形象为你的服务拉动需求

你可以通过稳固的形象为你的服务拉动需求。人们喜欢和胜利者打交道，如果你的公司在公平、专业、能力和可靠性方面都有声誉，顾客就能把你挑出来。

> 专家提示
>
> 你可以通过稳固的形象为你的服务拉动需求。人们喜欢和胜利者打交道。如果你的公司在公平、专业、能力和可靠性方面都有声誉，顾客就能把你挑出来。

利用稳固的形象来拉动需求有多种不同的方式。其中之一就是在你每次为客户服务时塑造良好的形象。口碑是你可以做得最好的业务了，但如果你不想等待客户推荐结果，你可以做广告。

广告是一种非常有力的商业工具，巧妙地使用广告可以达到极好的销售效果。想想看，你将搬到一座新的城市去，你会选择哪个房地产代理商帮你搬家？我猜你会找那个所有的人都穿着金黄色外套的代理商。因为穿金黄色外套的代理商在电视上、广播上和图画广告中能经常见到。一旦你听过一百遍他们是如何成为周围最好的房地产团队的时候，你就很可能开始相信它了。

你可能不了解一个具体的代理商，但广告却会让你知道金黄色外套意味着成功。如果你相信广告，你就会去找这些代理商。如果代理商给你的印象不好，你可能会选择另一个代理商，但至少你找过金黄色团队，同样的策略也可以为你所用。

当你运作一个承包业务时，单单广告是不足以达到目的的。一旦你和潜在的客户取得联系，你或者公司代表就要保证工作能够持续进行下去。与研究市场的专家进行讨论，相信你会对你所能达到的结果感到惊讶的。

参加俱乐部和协会以产生销售机会

参加俱乐部和协会是一个很好的销售方式。作为一个企业主，你同时必须是一个销售员。当你参加地区俱乐部和社区组织时你会认识一些人，而这些人就是潜在的客户。

> **专家提示**
>
> 参加俱乐部和协会是一个产生销售机会的很好的方式。作为一个企业主，你同时必须是一个销售员。当你参加地区俱乐部和社区组织时你会认识一些人，而这些人就是潜在的客户。

当你在社区变得很出众时，企业就有更好的生存机会。如果你支持地方活动，比如孩子们的体育运动等，你会变得更出名。你可以利用地方机会来塑造企业形象。当市民们看到本地区孩子们的棒球队的队服上印有你公司的名称时，他们就会记住你。而且，他们会敬佩你对社区儿童的支持。你可以在几乎任何地方使用这种方法。一旦你变得家喻户晓，你就会忙碌起来。你将无法满足你的市场和广告的需求。

营销和广告可能是一个新企业家的两门重要的必修课了。虽然单单营销和广告还不能造就一个成功的企业，但它们是一个兴盛企业所不可或缺的重要因素。如果你在营销和广告上做得不够出色，你就无法告诉你的顾客你可以为他们做什么。

没有不做销售的企业

没有不做销售的企业。为了获得销售机会，大部分企业必须做广告。没有广告，一般的企业是很难引起消费者的兴趣的。如果没人知道你的企业的存在，又有谁会找你给他提供服务呢？因为知名度是一个企业成功的首要因素，所以一个好的市场机会和有效的广告也同样如此。

很多承包商看不到营销和广告的重要性。由于某种原因，许多承包商认为公众会自己找到他们。让我再重复一遍：如果公众不知道你的存在，他们就很难找到你。不管你干得多好，人们意识不到你能提供的服务，你就得不到更多的生意。

为了找到生意并且一直有生意可以做，你需要规范的销售。市场和广告可以给你提供销售机会。你和你的销售员可以胜任把销售机会转化为闭环销售的工作，但你们必须从让潜在的主顾需要你提供的服务着手。广告是迅速产生销售机会的最有效的手段。

专家提示

为了找到生意并且一直有生意可以做，你需要规则的销售。市场和广告可以给你提供销售机会。你和你的销售员可以胜任把销售机会转化为闭环销售的工作，但你们必须从让潜在的主顾需要你提供的服务着手。广告是迅速产生销售机会的最有效的手段。

营销是所有生意的关键点

营销是所有生意的关键点。如果你有能力做一个完善的市场调查，你就能够获得大量的生意。广告是把你的信息放到顾客面前的方法。你可以在报纸、收音机、电视上做广告，或者通过直接发邮件或许多其他方式来做。营销不仅是广告。营销也可以了解商场的潮流。当你跟踪你的广告结果、设计广告、开发销售策略以及定义你的目标市场时，你就是在运用营销技能。

营销远比广告复杂。为企业做广告差不多就是支付广告费用，而营销则需要更大的鉴别能力。你必须能够鉴别并判定公众的需求。有很多有关营销方面的书。许多社区大学开设有营销课程。付出足够的努力来自学，你就能精通营销策略。如果你希望长期运营一个企业，你就应该投入更多的精力开发有效的营销技能。

专家提示

营销远比广告复杂。为企业做广告差不多就是支付广告费用，而营销则需要更大的鉴别能力。你必须能够鉴别并判定公众的需求。

你应该招募代理销售员吗?

这是一个好问题，答案取决于你的商业目标是什么？销售员代理可以显著改变你的企业。销售员代理可以给你带来大量的销售额，而且你只需要根据员工的销售额支付工资就行了，所以拥有一支销售员队伍是很有吸引力的。但是，大量的销售人员同时也会带来很多问题。你可能需要快速地购买新车和设备并且增加劳动力，甚至都没时间检查它们的质量是否合格。增加的业务可能会把你缠在办公室里并且使你的工地管理陷入混乱。在引入高效率的销售人员时需要事先从很多角度去考虑问题。

销售人员的好处

销售人员有许多好处。如果你找到能代表公司的合适人选，你的销售额就会增加。雇用销售员代理可以不用支付一般员工的标准工资，你只要为你得到的销售额来支付费用就行了。优秀的销售员会给你带来预想不到的生意。一个优秀的销售员可以为你创造生意并且带来快速的销售。销售专家可以让一件简单的工作变成一桩大生意。良好的训练加上经验，销售专家们可以从一项工作中获得比一般承包商更多的钱。很明显，对有些企业来说销售员是一种优势。

销售代理的缺点

销售代理的缺点甚至可能大于优点。有些销售员为了让顾客在协议上签字，会给他们讲任何他们喜欢听的话。作为一个企业所有者，在工作中有些时候你就必须处理这种方式的销售。客户可能会对你说，你的销售员向他们保证过除了得到更换的窗户外你还会给他们提供窗帘，而实际上你并未将窗帘预算到工程成本中。一份实际上要花四周的工作可能会被你的销售员许诺只要两周就能完成，这种天花乱坠的宣传会给你和你的工人带来严重的问题。

> 专家提示:
>
> 过快地得到大量的销售跟销售不足同样有害。如果你的销售员善于销售，你可能就会忙于工作。这会在工作时间安排、产品质量、工地监管、现金流转方面产生问题，同时带来大量的潜在的商业“杀手”。

大多数销售人员都不懂技术。他们不知道工程技术方面的要求，只知道怎样销售产品，而不是怎样完成它。销售员可能会告诉一个有意向的顾客说在地下室建一间浴室很简单，而实际上像安装一个污水泵这样的工作就需要在一般地下浴室的成本上再加大概800美元的成本。很多时候销售员也会低价抛售你的产品。有些时候他们为了做成一单生意会把价钱压得很低。在其他的情况下，无知也会导致错误的价格。不管是哪种情况，作为一个企业所有者你都得给顾客满意的答复。

> 专家提示:
>
> 如果你决定使用代理销售员，我建议你在前几次销售访问中跟他们一起出去。当你面试选拔人员代表你的公司时，要记住，他们是销售专家。这些人在面试中会使用他们面对顾客时的韧性来向你推销自己。睁大眼睛去调查这种关系。不要想当然，要检验他们是否正直且有专业能力。

过快地得到大量的销售和销售不足同样有害。如果你的销售员善于销售，你可能就会忙于工作。这会在工作时间安排、产品质量、工地监管、现金流转方面产生问题，同时带来大量的潜在的商业“杀手”。

派错误的人代表你的公司会对公司的形象造成损害。如果销售员不诚实或者戏弄顾客，你的企业形象就会受损。什么时候任用一个销售员代理由你决定，但我要告诉你，不要轻易下决定。无疑一个优秀的销售员会给你的企业带来更多的好处，但同样，一个不好的销售员会使你的企业身败名裂。

如果你决定使用销售员代理，我建议你在前几次销售访问中跟他们一起出去。当你面试选拔人员代表你的公司时，要记住，他们是销售专家。这些人在面试中会使用他们面对顾客时的韧性来向你推销自己。睁大眼睛去调查这种关系，不要想当然，要检验他们是否正直且有专业能力。

你应该在哪做广告？

在当地电话簿上做广告可以在带来客户需求的同时为你的公司塑造可信的形象。在当地报纸上的广告会有迅速的响应。挨家挨户发送小册子和传单也可以产生令人满意的效果。广播和电视广告非常有效但很昂贵而且需要不断重复播出，在地方出租商店的视频盒中加入你的滚动式广告会给你带来许多的展示机会。能做广告的地方的多少只受到你想象力的限制。然而，有些广告媒体会比其他方式更好一些，让我们来仔细看一些具体的例子。

电话簿

电话簿是为你的企业做广告的理想地方，广告的大小取决于企业的性质和你想要突出的工作类型。在电话簿上做广告可以增加公司的可信度，不管是仅仅占了列表中的一列还是有整页篇幅的广告，你都必须尽快在电话簿上给出你的企业名称。

你在电话簿上的广告大小取决于你所期望达到的效果。整张页面的广告很贵，而且对你的工作来说可能并不值得花那么多钱。如果你的工作

> 专家提示：
>
> 电话簿是为你的企业做广告的理想地方。广告的大小取决于企业的性质和你想要突出的工作类型。在电话簿上做广告可以增加公司的可信度。不管是仅仅占了列表中的一列还是有整页篇幅的广告，你都必须尽快在电话簿上给出你的企业名称。

是建造住宅，那么一份大张的广告可能还是不够的。当人们寻找建造商时，他们通常并不着急。一个有一栏宽度和一道 5cm 长度的广告只能带来等量的拜访。迅速浏览竞争对手的广告可以提示你应该怎么做。如果所有其他的建造商都用大张广告，那么你也应该用大张的广告。

过去的几年中我做过好几次电话簿广告。有一次我为我的企业做了一份半页的广告。我以为小一点的广告可以省钱。在新广告上我是省钱了，可是我的企业却因为缺少大张的广告而受损失，我接到的电话订单明显减少了。

随着我对商业、市场和广告认识增加，我不断地试验各种电话簿广告的效果。在做市场调查时，我为各种业务用了许多类型的广告。我发现对重建、房地产、管道来说大张的广告效果最好。当为住宅建筑做广告时，我只用小一点的广告。对我来说，广告大小也有地理变化，我在维吉尼亚的广告就要求比缅因州大些。

报纸广告

报纸提供的是快速的结果，你要么得到顾客的电话要么什么都没有。作为一个服务承包商，我的经历告诉我大部分被调查者看报纸广告是为了寻找特价商品。如果你想得到高售价，我认为报纸不是做这种广告的地方。但如果你的企业是新成立的，报纸则能够迅速地给你带来顾客。

讲义、传单和小册子

讲义、传单和小册子跟报纸广告相似。这些方法似乎都能迅速地带来顾客的电话，但是顾客经常是为了寻找低价的服务。许多企业认为这种形式的广告是有失颜面的。我不同意这个说法，但我并不认为你会通过这些低成本的广告获得收入。

广播广告

广播广告很贵，但这是个向听众传达你的企业名称的好途径。我相信广播广告的关键是重复性。如果你不能支付重复广播广告的费用，我建议你取消这种广告方式。大多数人不会等着听你的广告然后跑到最近的电话旁边去给你打电话。然而，如果你有足够的钱能用来在几周内插播广告，你的名称就会被记住。

电视广告

电视广告非常有效，利用电视广告的建造商

> **专家提示**
>
> 直邮广告非常有效，但并非总是低成本的；鉴于建一座新住宅的潜在收益，直邮广告在我们这个领域经常是一个不错的商业策略。直邮广告的成本大约只有几千美元。只要收到邮件的人有百分之一成为顾客，大多数使用这种广告形式的人都会感到满意。

会成功。通过多个频道播映，电视广告负担小且非常有效地把你的信息传递给大众。我在电视上做广告非常有效，选择一些家庭改造秀或做自己的栏目，它可以增加你的销售。

直邮广告

直邮广告非常有效，但并非总是低成本的；鉴于建一座新住宅的潜在收益，直邮广告在我们这个领域经常是一个不错的商业策略。直邮广告的成本大约只有几千美元。只要收到邮件的人有百分之一成为顾客，大多数使用这种广告形式的人都会感到满意。

你可以用直邮来获得目标市场。如果你想对收入在 5 万美元以上的人做广告，你可以去购买一份这些人的地址清单。这种人口统计分析的模式能够非常有效地将邮件寄给最有希望的潜在顾客。

就大多地址清单来说，大约 75 美元就能买到 1000 份邮箱地址。许多邮箱地址销售者要求至少订购 3000 个邮箱地址，这些邮箱地址可以以粘贴标签的形式提供给你，估计不同的人口统计类型会有额外的收费。

如果希望减少在邮件发送上的花费，当地的邮政局长可以提供大宗邮资服务。使用大宗邮资服务，你每次最少要寄出 200 份邮件。这种类型的邮件发送显然比一级邮资便宜，但需要一次性支付一年的先期费用，你可以向当地邮局咨询全部细节。

有创意的广告方式

有创意的广告方式就是要有创意。你可能会想到在广告牌上租个位置来为你的企业做广告；或许你会通过一个与地方餐厅的协议把公司名称突出显示在他们的菜单上；通过为少年棒球联赛提供队服可以把你的名称呈现在许多观众面前。只要你认真去想，就会产生出源源不断的有创意的广告方式。

广告成本的回收速度有多快？

公众对广告的回应取决于你的营销计划和你的广告技巧。如果你是在一家地方报纸上做广告，你可能会得到大概 0.1% 的回应。换句话说，如果这家报纸有 25000 个订阅者，可能会有 25 个人回应你的广告。这已经是一个比较乐观

> **专家提示**
>
> 公众对广告的回应取决于你的营销计划和你的广告技巧。如果你是在一家地方报纸上做广告，你可能会得到大概0.1%的回应。换句话说，如果这家报纸有25000个订阅者，可能会有25个人回应你的广告。这已经是一个比较乐观的估计了，在大多数情况下对你的回应会更少。

的估计了，在大多数情况下对你的回应会更少。如果你在一年中合适的时候做正确的广告，你会得到25个电话回应。但是如果你只接到10个电话的话请不要奇怪，有时你甚至连10个来电都没有。广告的成功与否完全取决于你对公众对象的选择和对广告的设计。

为了一个承包业务在广播或电视上做广告看起来就是在浪费金钱，这样的广告没有等到顾客的来电是不奇怪的，但这并不意味着这些广告没有效果。电视和广播广告让大众认识了你的公司名称，如果再结合印刷广告的话，这种形式的广告就能产生最好的效果。

如果你在做纸质广告，分发传单，或者做直邮广告时，配合上电视或广播广告，你会得到比不用电视或广播广告更多的回应。

直邮广告经常产生快速的结果，很多接到直邮广告的人不是丢弃就是迅速做出反应。百分之一的回应率对直邮广告来说一般是不错的了。比如，当你给1000户人家寄邮件然后收到10个回应时你就应该觉得高兴了。由于大量的邮件带来的是低百分率的回应，直邮对低价产品来说是没有效率的。然而，如果你做的是像新建住宅这样的大宗生意，直邮就能产生好的效果。

> 专家提示
>
> 直邮广告经常产生快速的结果。很多接到直邮广告的人不是丢弃就是迅速做出反应。百分之一的回应率对直邮广告来说一般是不错的了。比如，当你给1000户人家寄邮件然后收到10个回应时你就应该觉得高兴了。由于大量的邮件带来的是低百分率的回应，直邮对低价产品来说是没有效率的。然而，如果你做的是像新房屋这样的大宗买卖，直邮就能产生好的效果。

如果你瞄准了直邮市场，你就应该提高回应率。举个例子，如果你使用一个混合类型的地址清单来发广告，你就不清楚收到广告的会是什么类型的人。但如果你挑一个有人口统计特征的清单，你就能够保证联系到的就是你想要的潜在顾客群体。

人口统计特征是能够告诉你在地址清单上的名字实情的统计资料。你可以去租用由特定年龄、收入等特征群体组成的地址清单，这些统计资料能够给你的广告带来非常不同的效果。

明确广告的效果是所有严谨的企业家必须完成的一件工作。你需要了解什么样的广告值得做，而且哪种广告会带来购买者。有些广告可以带来许多咨询者却没有多少销售量，另外有些广告带来较少的好奇询问却有更多的购买者。你需要跟踪广告的结果，不了解哪种广告和广告媒介是有效的，你就没法使你的广告花费回报最大化。

学会利用广告达到多重目的

大多数企业都要学习利用广告达到多个目的，广告最主要的作用是让客户对你的产品和服务产生兴趣，但广告还可以为企业做更多的事。就像我们已经看到的那样，广告可以让人们熟悉你的公司名称。如果你希望从广告中获得最大的收益，熟悉名称是非常重要的。

广告可以用来塑造你的公司形象。通过广告你可以为公司塑造任何你喜欢的形象。一个公司的形象是影响其获得高酬金和高质量顾客的重要因素。

广告能使你达到目标。如果你希望成为一位出名的旧房改造专家或建造正宗复制住宅的专家，广告可以帮你达到这个目标。漫游于商海之中，你会发现许许多多的广告可以以不同的方式来帮助你获得成功。

通过广告让企业名称家喻户晓

我们已经讲过广告可以让企业名称家喻户晓，现在我们就来了解一下这是怎么做到的。你希望人们看到或听到你的公司名称并且知道你的公司。为了达到这个目标，你就必须使用重复性的广告。

> 专家提示：
>
> 你希望人们看到或听到你的公司名称并且觉得知道你的公司。为了达到这个目标，你就必须使用重复性的广告。

重复性广告可以用于所有形式。例如广播广告，当你收听商业广播时，你一般会不止一遍听到那些公司的名字。下次你在收音机上听到广告时注意一下，很有可能你至少听过三遍公司名称或者正在销售的产品的名字。

电视通过语言的和视觉的重复使你记住一个名字或产品。去看一些商业电视你就会明白我的意思，在这些商业广告中你会重复几次听到公司名称或产品。

不仅你的公司名称应该在广告中重复出现，你的广告也要有规律地重复出现。如果你在报纸上刊登广告，不要登过一次就停下来。同样的广告要在不同的时间做几次。在广告中使用你的商标，并以有规律的时间表来发布广告。这种重复性的工作能将你公司的名称灌注到潜在消费者的潜意识里去。当这些潜在的消费者准备好成为实际的消费者时，他们会想到你的公司。

用广告带来直接销售

> 专家提示
>
> 如果你在报纸上刊登广告，不要登过一次就停下来。同样的广告要在不同的时间做几次。在广告中使用你的商标，并以规则的时间表来发布广告。这种重复性的工作能将你公司的名称灌注到潜在消费者的潜意识里去。当这些潜在的消费者准备好成为实际的消费者时，他们会想到你的公司。

用广告带来直接销售是大多数人使用广告的原因。对于一个服务业来说，用直邮（印刷品或电子邮件）、广播、电视、印刷广告、电话推销以及其他有创意的市场方式是能够带来直接销售的。电话推销和直邮是带来销售活动的两种最快的方式。

我们已经讨论了直邮是怎么起作用的，那么电话推销呢？电话推销是一个困难的工作。给你不认识的人打电话，让他们使用你的服务，买你的产品，或者允许你到他们家里去做免费检查、估价或其他事情并不是一件有意思的工作。然而，如果你可以忍受拒绝而且为了得到 10 个预定不怕给 100 个人打电话的话，无约电话推销会凑效的。

如果你的销售时间很有限，那么用广告带来直销的这种方式对你很有帮助。我的意思是，判断哪些地区的人们正需要从你的广告中受益，你就在有限的时间在当地做打折广告。限时打折广告会很快带来直接销售。

不做广告公众就不知道你的存在

不做广告公众就不知道你的存在。广告虽然昂贵，却是做生意不可或缺的一部分。如果你不花钱做广告，公众也不会在你的生意上花钱。在承包领域里充满了富有竞争意识的企业家。这些企业家们会定期地做广告。如果你不把你的名称放到人们面前，你就会被那些这么去做的公司超越过去。

营销推广活动

营销推广活动是一种极好的销售途径，它能够在带来更多销售量的同时让更多的人认识你公司的名称。利用特别的营销推广活动你可以吸引公众的注意来为增加销售量创造机会。让我来举个例子告诉你怎么做营销推广活动吧。

在这个例子中，假设你是一位专门销售新住宅的承包商。你可以和当地的原材料供应商讨论并组织一个研讨班，请求供应商让你进入到他们的商店中，并为顾客组织一个住宅建造或购买的研讨班，告诉供应商这个研讨班对商店的形象和增加销售量会有什么好处。

在你和供应商讨论之前两周就要为这个免费的研讨班做广告了，供应商很可能愿意为这个广告支付一部分费用——毕竟，这些商店也通过这个推广活动得到了更多公众的注意。

> 专家提示
>
> 营销推广活动是一种极好的销售途径，它能够带来更多的销售量同时让更多的人认识你的公司名称。利用特别的营销推广活动你可以吸引公众的注意来为增加销售量创造机会。

当人们来到商店聚集到你的周围时，要确保把你的明信片、价目表和其他销售手段放到顾客可以看到的地方。研讨会之后从听众那里收集问题。这种类型的营销推广能够塑造你在这个领域的专业形象。

如果在你所在的地区是合法的话，可以向听众赠送一些奖品。让听众在卡片上填写他们的名字、住址、电子邮箱和电话号码以便做抽奖活动。向听众赠送奖品，可以是房屋改造服务的折扣、一件小用具，或者其他你能够想出来的东西。研讨会之后你就有了满满一盒的名字和地址信息以展开进一步的工作，这种类型的方法能够显著增加你的生意。

在不景气时期如何维持生意

每个企业主都想知道在不景气时期如何维持生意。除非你有过让企业从经济衰退时期挺过来的经历，否则你很难有在经济困难时维持运营状态的经验。既然你不可能总是从第一手的资料和经历中学到生存技能，你就必须学习其他人的经验从而得到训练。

当处于困难时期时，你可能就要改变你的业务的传统做法了。怎么改呢？要降低价格吗？要减少管理费用吗？或者削减你的广告费用会怎样呢？这几个选择的任何一个都是错误的。

如果你降低价格，你将很难再把它调回到原来的水平上。降低价格是一种商业风险，但有时候又是能让你勉强挣口饭吃的唯一途径。如果为了维持运营你不得不降低价格，在你这么做的时候你就必须清楚，再让价格回复到正常水平是需要一定时间的。

削减工资可能也会达到与降低价格同样的目的，但会更少产生长期效应，人们会巴不得工资削减赶紧结束。所以要从你的正式员工的工资开始进行削减，并用通告说明这样的工资削减是有期限的，这种策略会比对所有员工削减工资更容易处理一些。

去掉不必要的管理经费在任何时候都是一种好办法，但去掉必需的管理经费是危险的。即使在很困难的时期，有些管理经费还是应当维持的。如果你错误地削减经费，你的业务会变得更糟。举个例子，如果你去掉电话接听服务费用，你可能就会错过一些对企业生存很重要的商业来电。在做出削减决策之前要对你的经费做仔细的评估。你只能削减掉那些不会影响你商业利润的费用。

专家提示

广告费用是许多企业家会首先削减的费用。但不论在兴旺时期还是衰退时期，广告对你的企业来说都是至关重要的。其实，广告在困难时期可能更有价值。当你的竞争者削减经费少做广告时，你可以反其道而行积极地去做广告。若想去掉你的电话簿广告或者减少正常广告活动时要三思而行。

广告费用是许多企业家会首先削减的费用。但不论在兴旺时期还是衰退时期，广告对你的企业来说都是至关重要的。其实，广告在困难时期可能更有价值。当你的竞争者削减经费少做广告时，你可以反其道而行积极地去做广告。若想去掉你的电话簿广告或者减少正常广告活动时要三思而行。

商业推销是你应该最优先考虑的方法之一。就像我说过的那样，没有顾客就没有业务。为了争取顾客，你就必须努力寻找新的人群来为他们建造住宅。如果你过得太舒适，在商业推销上有所懈怠的话，你的业务就会萎缩告吹。

第十四章　绿地开发能够让收入倍增

创建绿色单元是你获得更高收入的入场券，建造商为了增加建筑地块的收入而成为自己的土地开发商，这并不少见。这是怎么实现的？开发地块的建造商既获得了开发利润又得到了建筑利润。保持的开发商也在试图增加他们的地块收入，例如，一个开发成本是50000美元的地块，它的理想售价应该是在100000美元左右。

当建造商购买开发过的建筑地块时，他们要支付额外的费用。这个费用可能比大众去买会少一点点，但这个土地费用中包含了大量的利润，如果是购买一块土地，而不是自己开发土地，就会使你失去那部分额外的利润。请不要产生错误的印象，因为土地开发存在着巨大的风险。对于不打算在经验曲线（learning curve）上投入大量时间缺乏经验的建造商来说，这并非合适的商业冒险。

专家提示

开发自己的建筑地块听起来像是能够掌控自己的土地，同时从中可获得大量额外收入。事实也是这样的，开发土地能够得到这样那样的好处。但同时，进入土地开发行业可能会有许多风险。除非你曾经跟开发商或检验员合作过，或者有人给你传授过窍门，否则贸然进入土地开发行业在财政上是非常危险的。

开发自己的建筑地块看起来像是能够掌控自己的土地，同时从中可获得大量额外收入。事实也是这样的，开发土地能够得到这样那样的好处。但同时，进入土地开发行业可能会有许多风险。除非你曾经跟开发商或测量师合作过，或者有人给你传授过窍门，否则贸然进入土地开发行业在财政上是非常危险的。

当我第一次进入商业领域的时候，我受雇于各种类型的开发商，他们同时也是建造商，最先与我合作的两位建造商开发并建设着大量的住宅。我的第一次经历跟独栋住宅和土地有关，换了工作之后，我被介绍给一个365-单元城镇住宅开发商，虽然我的工作并没有包括土地开发方面的任务，但我却能够看到许多土地开发是怎么运作的。

当初我自己创业时，并没有仔细考虑过要成为一名开发商，我的目标是管道和房屋改造行业。甚至当我开始建造房子时，我也没有在成为一名开发商上考虑太多。之后我偶然碰到一个上了年纪的开发商，他正在寻找顾客，以出售他存留下来的地块。在他的地产中有些是已经开发并可以直接建房子的地块，有些则还是原始状态，那是我第一次有强烈的愿望想开发自己拥有的地块。

当我的第一个土地开发机会出现的时候，我正当年，雄心勃勃。但我同时对尝试土地开发感到很紧张。当我听到一些恐怖的故事，并且和一些没有成功的开发商讨论过后，我决定不去从事土地交易。也许我做了一个错误的选择，但我相信我这么做是对的。

在我放弃第一份土地开发机会一年以后，我碰到一个和我一样使用同一家测量与工程公司的开发商。我们曾在不同场合下做过讨论，并且在一周之内就彼此认识了。我当时在为一位测量公司的合作者建造新住宅，这使我能够接触到土地开发的内部环节。会见之后，我就和一位开发商做起土地开发交易来了。这个土地开发项目包括用于购物中心的商业空间，用于建造住宅的城镇土地，还有一块农村用地，用来建 40468m^2 的迷你农庄。

我在土地开发交易上是幸运的，迄今为止还没有做过太深入的土地交易，也没有损失过大笔的钱。就我对这个行业的了解来说，我是一个例外而不是惯例。购买并开发那些未开发的土地是有风险的，但一个人所获得的回报与他所面临的风险的大小是直接相关的。

土地开发可以简单也可以复杂，简单的如购买一块土地然后把它分成两半那样，而复杂的则要好几年才能见成效。大多数土地开发所需的核准程序很漫长并且开销很大，如果你没有雄厚的资产就去做大宗的开发土地交易是不妥当的。

> 专家提示
>
> 小笔交易是你成为一名开发商理想的开始。购买一些土地并把它划分成几个建筑用地是大多数建筑商稍加用心就能处理好的。这种类型的开发成本是相对比较低的。让我们来讨论一下，如果你想创造自己的开发地块的话你应该准备去处理的几个潜在的花费。

小笔交易

小笔交易是你成为一名开发商理想的开始。购买一些土地并把它划分成几块建筑用地是大多数建造商稍加用心就能处理好的，这种类型的开发成本是相对比较低的。让我们来讨论一下，如果你想创造自己的开发地块的话，你应该准备去处理的几个潜在的花费。

测量与工程研究

一旦开发商发现一块感兴趣的土地，他首先要投入花费的地方之一就是测量与工程研究。做测量的理由是显而易见的，你要知道你买了多少土地以及土地的形状。一块土地是否处于洪灾区，做个深入的测量就知道了。综合调查必须做立面图，它能够指出需要修建的道路的等级，房屋地基的下降度等。一个成熟的调查很可能在任何地方都要花钱，从几百美元到几千美元不等。这个成本依赖于过去的调查、土地大小、地理位置和其他因素。

工程研究可以极其昂贵，也可以只花几千美元，这要看你想做的是什么。如果你只想为化粪池系统建立被核准的附加点，成本就不会太高。如果你想了解土壤结持度、密实程度、保水情况等，成本就可能达到好几千美元。

工程公司在核定过程中经常代表开发商，为一次接一次的会议而不断地支付专家的小时费，可能会花上许多钱。这些细节通常不一定是必须的，但却是应该注意的另一种潜在花费。

购地

一旦你仔细地检查了地产之后，你就需要用现金或贷款来获得这块土地。通常要预付相当于土地市场价格至少 20% 的定金，30% 的定金也是很常见的。所以，从土地的价格来算，这可能需要相当多的钱。不过我们有办法解决这个问题。

专家提示

一旦你仔细地检查了地产之后，你就需要用现金或信用卡来获得这块土地。通常要预付相当于土地市场价格至少20%的定金，而30%的定金也是很常见的。

销售者经常自己为销售活动提供资金，如果你获得了业主的资金，定金就可能只要 10% 或者更少，我购买的最后一块土地是以一份订金和每月支付利息的形式买到的。如果合作的销售者享有土地的无债所有权，你就可能与之达成很好的协议。

申请费和法定支出

申请费、法定支出以及其他相关协议的费用加起来可以达到一个很高的数目。这些花费中最大的部分通常是法定支出、借款手续费等。如果你的协议很简单，而且你又是和地产所有者一起筹措资金，你的成本可能就会低一些。

基础建设成本

土地开发的基础建设成本随着地块开发的类型及其位置而变化，如果你必须为土地的电力系统、给排水管道扩展支付费用，你可能要花好几千美元。如果这些设施已经具备了，成本就会低很多。如果是水井和化粪池系统可用的农村地产，你就不需要担心给排水管道的费用了，但建造商要为水井和化粪池系统付账。

清理土地的事经常是留给建造商来干的。开发商有时候也会支付费用去清理土地以便铺筑道路，但若开发商做得太多，连宅基地也清理的话就比较罕见了。

修筑一条道路，即使是砾石路也是很贵的。一条道路的成本足以让一个开发协议变得令人不快。诸如此类的花费主要取决于你在合同中是否具有免责条款。你最不希望发生的事是：你买了一块土地，却很快发现开发这块土地的费用太高以致你很难继续做下去。你若把未开发的土地留下来，那么你不仅要承受这块土地降价带来的损失，同时还要承受把它卖出去的负担。所以你在做出购买承诺之前要对所有预期的土地开发成本进行评估，而你的工程公司将会帮助你找出需要考虑的成本类型。

> 专家提示
>
> 修筑一条道路，即使是砾石路也是很贵的。一条道路的成本足以让一个开发地协议变得令人不快。诸如此类的花费主要取决于你在合同中是否具有免责条款。你最不希望发生的事是：你买了一块土地，却很快发现开发这块土地的费用太高以致你很难继续做下去。

业务正常运转时的费用

当业务正常运转时，把未开发地开发成少数几块住宅地并不困难，让我举个例子告诉你它有多简单。我买了 18 英亩（约 7.28 公顷）的农村土地，如果我想把它分成两块建筑用地，一块是 8 英亩（约 3.2 公顷），一块是 10 英亩（约 4.04 公顷），我就可能花费不到 1000 美元。虽然这块土地要作为建筑用地来卖的话还需要经过附加的测量，但测量费用不会太高。在我看来，有些形式上的土地开发调查不是必需的。我可以利用城镇的税籍图画出自己的平面布置图。法定支出可能也需要考虑，因为我的土地有道路空地和电力服务系统，所以不需要这些类型的花费，向城镇提交的费用可能是最少的了。

如果我想把我的 18 英亩（约 7.28 公顷）的土地划分成更多块，情况就不同了，我需要按照不同的规章制度来划分地块。这样我的工程成本和其他成本就可能增加，获得划分土地的许可所需的时间就可能超过一年。理论上来说，因为可以多卖一块土地，我的收入应该会多一些，但事实并非如此。由于时间消耗，过多的资金利用，以及地块的缩小，我不知道是否会得到更多收入，但肯定得经历更多的挫折。你可以先去尝试一下几个简单的土地开发交易。如果幸运的话，你就可以获得足够的钱，来为你准备做得更大的交易提供资金。

中等交易

我经常把中等交易称为无人涉及区域，这就是我放弃我的首次土地开发机会的原因。当你做小笔生意时，你的成本比较低，而你的收益的百分比则比较高。大笔的生意可以产生巨大的利润，而且有足够的潜在利润去做全面的促销活动。中等交易，例如一个有12个地块单元的土地，需要用大量的钱来运行，而且产生的利润不足以补偿主要的广告活动和宣传。这就是为何我认为中等交易对土地开发商来说是一种流沙的原因。当你做一个中等交易时，你可能会很容易陷入到困境之中。

> 专家提示
>
> 我经常把中等大小的交易称为无人区。这就是我放弃我的首次土地开发机会的原因。当你做小笔生意时，你的成本比较低，而你的收益的百分比则比较高。大笔的生意可以产生巨大的利润，而且有足够的潜在利润去做全面的促销活动。中等大小的交易，例如一个有12个地块单元的土地，需要用大量的钱来运行，而且产生的利润不足以补偿主要的广告活动和宣传。

当然，我也不能说你无法在中等土地开发中获得成功，有些开发商在这上面也做得很好，但我觉得这样的机会离你很远，成功的例子并不多。我曾参与过一笔约有809360m^{2}土地的交易。我们把它划分成20块40468m^{2}的地块，在最显眼的地块上建了一座投资住宅（spec house），并且把房地产作为迷你农场来推销，这块土地位于距主城20分钟车程的地方，交易做得比较成功。我认为它是一笔中等大小的交易，它也成功了，但那是因为我们有许多有利条件：地理位置比较好，土地开发的成本不太昂贵，除了修路是我们最大的开支外，其他开支不大，并且住宅和土地的包装价比较低，这些因素综合起来促成了我们的成功。然而，再做一个类似的交易时我会非常谨慎。

大笔交易

大笔交易会让你梦想着早点退休。开发一个购物中心或者一个大的住宅开发区能够获得惊人的利润。不幸的是，为产品销售做准备的成本也是很高的。我在大开发商方面没有太多的亲身经验，所以我不打算告诉你所有的细节，我也不了解这些情况。

作为团队的一员，我做过一些大笔交易，我很清楚地看到我没有足够的钱或经验去单独应付这样的工作。

大的土地开发交易可以带来好几百万的利润，但一个开发商需要大量的资金和支持才能顺利完成这份工作，而且交易也有失败的可能，那就会让参与的每个人都遭受破产。由于缺乏这方面的知识，我的看法可能会有所偏颇，但我建议你尽量避免去做大笔交易，除非你可以像我过去那样，与有经验的人合作。

土地陷井

当你看到一块你觉得能够很好地划分单元进行开发的待售土地的时候，你会觉得它很诱人。你可以做一份计划，同时计算一下你可以从这份地产中获得几块建筑用地。然后你可以把这个数字打入你的电子表格程序中，看看你可以从这笔交易中获得多少钱。这是件有趣的事，而且它能让你的脉搏加速，但是请注意，你得考虑现实。

> 专家提示
>
> 当你看到一块你觉得能够很好地划分单元进行开发的待售土地的时候，你会觉得它很诱人。你可以做一份计划，同时计算一下你可以从这份地产中获得几块建筑用地。然后你可以把这个数字打入你的电子表格程序中，看看你可以从这笔交易中获得多少钱。这是件有趣的事而且它能让你的脉搏加速，但是请注意，你得考虑现实。

道路的修筑会吞掉本可以用作建筑的土地，有些建造商在规划开发蓝图的时候并没有考虑这一点。对保留池塘、公共空间以及其他区域的需求会减少用于建筑的土地。一块土地看起来似乎能建 25 个分单元，但实际上可能只能建到 15 个单元。15 个单元和 25 个单元之间有很大的利润差距。所以你要保持冷静，确保你的计算和估计是正确的。土地开发这个行业不小心很容易犯错误，一旦发生错误你就可能被完全排除出这个行业。

绿色化

绿色化是未来的潮流，如果你要在土地开发行业进行风险投资，你就要仔细考虑你所面临的选择。要尽可能地保证你的开发活动是环境友好型的，保留那些能够为灌溉提供循环水的池塘，为自然的踪迹、自然的动植物留下合适的绿色空间。也许你会想在每个地方都铺上道路，但是与一个具有潜在价值的绿色开发项目相比，这样的想法就大错特错了。

慢慢来，在你投身于土地开发行业之前尽可能多学点东西。一旦你感觉准备好了，就一步一步慢慢去做，不要贪多。如果你可以证实你是一名绿色开发商，你就会获得更加丰厚的潜在利润。

专家提示

绿色化是未来的潮流，如果你要在土地开发行业进行风险投资，你就要仔细考虑你所面临的选择。要尽可能地保证你的开发活动是环境友好型的，保留那些能够为灌溉提供循环水的池塘，为自然的踪迹、自然的动植物留下合适的绿色空间。

第十五章　绿色的景观可以加速房屋销售

有经验的建造商知道景观美化是销售住宅的关键环节，路缘是很有价值的景观设计。讨论绿色景观设计听起来似乎有点奇怪，是不是真的有一种特别的技术途径能够使景观设计绿色化？是的。可持续的景观美化在行业中是很普通的，在建筑中也发挥了多种作用。

什么是绿色景观？描述的方法很多，有机体是其中的一个方面，绿色景观的好处之一就是控制土壤破坏。你知道绿色行为包括在屋顶种植物吗？我不是在开玩笑。在屋顶上种植物可以从减少供暖和制冷的费用中获得好处。绿色景观可以保护水源。确实，我们有许多办法可以将特殊景观融入到绿色建筑中。

保　护

保护自然资源是使用绿色景观的一条非常好的理由。我们的资源是有限的。那些能够让业主减少对水、土壤和石化燃料消耗的建筑方案是值得实现的目标。顾客们欣赏那些能够提供机会来引导客户对环境负责任，并对其产生最小危害的生活方式的建造商。

水

水资源保护对我们所有人来说都是重要的，我们要有干净的水才能生存。灌溉植物和给草地浇水需要用多少水？很多，但有多少呢？政府统计资料表明在东部灌溉用水约占总用水量的30%。在西部这个比例则达到60%。仔细想想，在某些地方，全美接近一半的用水量是用来浇灌草地和植物的。

> 专家提示
>
> 水资源保护对我们所有人来说都是重要的。我们要有干净的水才能生存。灌溉植物和给草地浇水需要用多少水？很多，但有多少呢？政府统计资料表明在东部灌溉用水约占总用水量的30%。在西部这个比例则达到60%。仔细想想，在某些地方，全美接近一半的用水量是用来浇灌草地和植物的。

当干旱发生时，水就变得非常宝贵，这种情况一次又一次地出现过。不久前，南方各州都面临饮用水枯竭的危险。面对这种情况你会怎么做，你又能让你的顾客做什么？我们大多数人都不能制造降雨，但我们能通过景观设计和一些建筑设计方法来减少为保持植物生长而需要的干净水量。

你应该选择适合在住宅所在地生存的植物。以下是应该考虑的几个因素：

- 气候；
- 土壤类型；
- 阳光；
- 照射；
- 地形。

把植物种植的距离近一些，可以保存更多的水。植物种的间距小一点可以减小浇水面积。夏天是对植物最不利的季节，春天和秋天是对植物种植最有利的季节，这取决于你所选择的植物类型。

使用循环水或存储的雨水来保持景观植物的生长。在早晨的时候给植物浇水可以减少水的浪费；在凉爽和日照较少的日子里，水分蒸发就不会太快。滴灌系统可以用来减少水资源浪费，雨量计和计时表也是节约水资源的有效工具。

土壤

你会有多长时间才会考虑到你脚下的土壤呢？人们一般认为土壤一直延伸到比较深的地下，但事实并非如此，土壤实际上是有限的。土壤是否可以被看做是一种可更新资源？是的，但问题是形成新的土壤需要很长的时间。岩石的粉碎和有机物质的分解需要很多年的时间，对于自然土壤的形成这样的过程是必需的。

土壤究竟有多深？最糟糕的情况是土壤甚至不足0.3m深。而在发育良好的地方，例如农田，土壤深度可以达到1m左右，开发商需要测量土壤深度的范围。

土壤侵蚀是植被的一大问题，防止侵蚀就意味着要保护土壤，这是非常现实的。斜坡、河岸和比较陡的地方都有潜在的侵蚀风险，在这些地方种植物可以保持土壤，借助草皮能够稳固土壤。但只种植浅根的草往往是不够的，还要选择那些根系更深的植物。地被植物和其他植物可以紧密地布置在一起。可以在景观地表上加上覆盖物直到植物长满空地。在可通行的地方种上树木和灌木，这些植物的根长得更深，其保持水土的能力也比浅根植物强。

> 专家提示
>
> 土壤究竟有多深？最糟糕的情况是土壤甚至不足0.3米深。而在发育良好的地方，例如农田，土壤深度可以达到1米左右。开发商需要测量土壤深度的范围。

石化燃料

石化燃料包括煤、天然气和石油。就如你确信的那样，这些燃料的供应是有限的。石化燃料的节约对房主来说，具有比绿色建造商更重要的责任。作为一个建造商，你应当尽你的责任把自然景观设计融入到你的项目中。

自然设计

自然设计在景观美化中越来越流行，这有几个充足的理由。自然设计与传统的景观美化如何比较呢？简单来说，自然设计是随意的，而传统设计是规范的。由于这种差别，旧式的景观美化需要花费更多时间、注意力和金钱予以维护。看看下面关于两种景观美化类型的赞成与反对的理由：

- 传统景观美化需要细心的修剪工作。
- 传统景观美化经常使用不变的行列或样式。
- 自然的景观美化与周围环境相融合。
- 自然的景观美化使用本地植物而不是昂贵的外来物种。
- 人造公园的装饰品经常出现在传统的景观美化中。
- 自然的景观美化使用岩石、树木、木头甚至是浅底的池塘。
- 自然公园的随机设计减少了传统公园可能出现的缺陷，从而减少了维护费用。
- 化肥和杀虫剂经常用于传统景观中，这在自然公园里基本上是不需要的。
- 自然设计倾向于减少维护，减少化学品使用和减少使用动力设施来维持公园的美观。

使用本土植物

在你做景观美化时使用本土植物可以带来很多好处。当然了，这些植物的成本通常低于那些昂贵的外来植物。本土植物能够很好地生长并且繁殖速度更快。令人奇怪的是在大多数景观美化中却很少使用本土植物。

总的来说，本土植物明显需要更少的化肥、维护和杀虫剂。建筑用尽了自然的空间，这会影响到鸟类、动物、昆虫和其他野生生物的生存。

> 专家提示：
>
> 总的来说，本土植物明显需要更少的化肥、维护和杀虫剂。建筑用尽了自然的空间，这会影响到鸟类、动物、昆虫和其他野生生物的生存。只有为这些受影响的物种提供自然的景观，作为它们在人工路面的海洋中得以栖息的绿洲才是公平的。

只有为这些受影响的物种提供自然的景观来作为它们在人工路面的海洋中得以栖息的绿洲，这才是公平的。

作为一名建造商，你可以通过景观设计来吸引鸟类、蝴蝶和益虫。相对于同一条街上那些只能提供一点景观美化的住宅来说，你的优点很容易为广大顾客所看到。它不仅使建筑与自然更和谐，而且是优秀绿色建筑的要求。

减少供暖和制冷费用

你可以在提供有创意的景观美化的同时为顾客减少供暖和制冷费用。提前做好稳定的植树计划可以使业主在未来的许多年中受益。一个宾夕法尼亚的案例显示，一座受树木遮荫的住宅减少了高达75%的空调费用，这是很可观的。

> 专家提示
>
> 你可以在提供有创意的景观美化的同时为顾客减少供暖和制冷费用。提前做好稳定的植树计划可以使业主在未来的许多年中受益。一个宾夕法尼亚的案例显示，一座受树木遮荫的住宅减少了高达75%的空调费用，这是很可观的。

人们的习惯是在建筑物的西边和南边种上落叶树，它们在冬天会落叶，这些方向能够获得最强的光照和热量，而在夏季繁茂的树叶能够提供荫蔽的环境。在秋季叶子落到地上变成肥料，光秃秃的枝杈能够让阳光温暖房子。有报道说有树木遮荫的社区夏天的气温会更低些——大约低了6度。

冬天风从北方和西方刮过来。在这里种上常绿树木和灌木能够保护你的房子在冬天不受刮风的直接影响，于是供暖费用可以降下来。常绿树一般要种得离建筑物远一点，估计一下你想种的树长成时的高度，在种防风林时，将这个高度乘以2~5倍，就是种树时应该保持的树与地基的距离。

常绿灌木可以种在地基周围用来挡风，确保将灌木种在离房子有足够距离的地方，以免以后发生潮湿的问题。准确的种植距离取决于所用的灌木类型。

你觉得在家里建一个绿化屋顶怎么样？这种事很普遍了。绿化屋顶要求特殊的结构设计，但能够提供较强的隔热功能，能够减少成本。我不能保证我会爬到屋顶上去修草，但这确实是绿化的一种方法。

洪水泛滥

铺路活动可能会引发洪水泛滥。泛滥会造成土壤侵蚀、河流污染、水生环境破坏和财产损失。建造商可以和开发商合作减少诱发洪水的因素。虽然绿色开发商早已关注这个问题了，但作为建造商你可能得寻找绿色的开发地来建造你的房子。

专家提示

铺路活动可能会引发洪水泛滥。泛滥会造成土壤侵蚀、河流污染、水生环境破坏和财产损失。建筑商可以和开发商合作减少诱发洪水的因素。

这里有几点关于考虑泛滥风险时如何做建筑的建议：

- 避免使用混凝土、砌砖和石头露台。可以替换为一个木制的台面或者不会砌合在一起的露台木块。
- 铺筑的汽车道经常是合人意的，但它们会产生溢流，混凝土汽车道也同样如此。铺筑砾石车道则能够让水渗透入沙砾下面的土壤，可渗透的沥青车道也是一种选择。停车场会产生大量的积水。
- 避免铺筑的人行道。用沙砾道路或有覆盖物的道路取代它。
- 草坪是好的，对吗？是的，但本地的地被植物、苗圃植被、树木和灌木能够更好地控制侵蚀和溢水的产生。

暴雨水

暴雨水可能成为我们的敌人。一定要给你的房子配上好的排水系统。在法律法规允许的地方，可以将雨水管道和地下管道接连起来，这样可以把雨水排到地下排水沟、长草的沼泽地或者雨水花园去。

什么是雨水花园？它是一个小小的蓄水池。你可以通过在地上挖一个洼地来做雨水花园。在上面种上灌木和其他能适应潮湿环境的植物。雨水花园能够收集雨水并让雨水慢慢地渗入到土壤中去。在此之前，你要确保土壤能够令人满意地排走雨水，避免形成滞水的池塘。

专家提示

暴雨水可能成为我们的敌人。一定要给你的房子配上好的排水系统。在法律法规允许的地方，可以将雨水管道和地下管道接起来，这样可以把雨水排到地下排水沟、长草的沼泽地或者雨水花园去。

雨水收集桶目前又重新流行起来。这些桶能够从排水系统中收集雨水用作景观美化用水。市场上的雨水收集桶配有阀门和软管接头。

如果装配排水泵的话，水应该被排放到像地下排水盲沟或雨水花园之类合适的地方，应遵守地方法规的要求。暴雨水的排放终端应该与房子地基保持至少 10 英尺的距离，避免产生建筑物的潮湿问题。

出售你的优势产品

在竞争激烈的市场上很普遍的一点是，你应该考虑能够用来出售你的优势产品的所有可能的选择，作为一名绿色建造商这本身就是一个好的开端。是什么让你和你的项目在众多竞争者中脱颖而出呢？找出你的优点并且把它传达给顾客，你就能获得双赢的结果。

> 专家提示
>
> 在竞争激烈的市场上很普遍的一点是，你应该考虑能够用来出售你的优势产品的所有可能的选择。作为一家绿色建造商这本身就是一个好的开端。是什么让你和你的项目在众多竞争者中脱颖而出呢？找出你的优点并且把它传达给顾客，你就能获得双赢的结果。

你会自己设计景观美化的细节还是请一位景观设计师？一个来自地方的苗圃顾问能够帮你做一个绿色景观规划吗？你如何确定种什么植物以及在哪里种植物取决于你自己。对于大的项目规划来说，一位景观设计师就是一个值得考虑的好资源。研究网上的景观设计技术资料能够给你提供想法、选择和答案，那些供应植物的商家一般都是很好的信息源。

> 专家提示
>
> 投入足够的时间和资金去做一个可行的景观规划。当你来到一座待售的住宅面前时，你会对它产生什么样的第一印象？有许多因素需要考虑。你可能会去留意房子的风格，屋顶的盖法，护墙板、门和装饰的颜色等。甚至你都不会意识到，你很可能会被住宅的景观设计所左右。对有些人来说，这可能是一种潜意识的影响，但这种影响却很大。

投入足够的时间和资金去做一个可行的景观规划。当你来到一座待售的住宅面前时，你会对它产生什么样的第一印象？有许多因素需要考虑。你可能会去留意房子的风格，屋顶的盖法，护墙板、门和装饰的颜色等。甚至你都不会意识到，你很可能会被住宅的景观设计所左右。对有些人来说，这可能是一种潜意识的影响，但这种影响却很大。

如果你在销售投资住宅（spec house——译注：建造商造了房子后没有直接卖掉，而是进行投资炒作，直到出现好的价格时再卖出的房子），做好外面的装修，包括景观美化，对于吸引潜在的买主进屋参观是一个关键的环节，样品屋则更应该很好地用景观来进行美化。然而，不要给样品屋做各种可能的修饰，以此诱导顾客以显著超过基本价格的高价购买他们以为是第一次看到的那间屋子，人们不喜欢这种类型的销售方式。

我坚信，景观美化是在开放市场上销售成型的住宅的第一步。我建过并销售过不少住宅。在开始的时候，我做的景观美化工作很少。随着时间的流逝和经验的增加，我改变了我的做法从而得到了更好的销售成果。所以不要忽略了景观美化的价值。

图 15－1　富有吸引力的景观美化可以决定一所住宅能否卖得出去（ECO－Block 公司提供）

附录 绿色词汇及术语表

吸收：光能转化为另一种形式的能量（如热能）的过程。

ACH（每小时换气率）：在给定的时间段内一定体积的空气流动。每小时换气率1.0表示该体积空气将在1小时的时间段内被替换。

酸滤液：经垃圾填充区渗透之后酸性较高的水；可能对鱼类的栖息和饮用水供给有害。

活性系统：建筑物中使用电力或燃气调节空气供应的制热、制冷、通风系统。

可适应建筑：为满足维修队、居住者及周围社区的变化需求而易被标记、识别、更新的建筑。

吸附：气体、液体或不溶物质的分子附着于一种表面的过程。

AFUE（年燃料利用率）：反应燃气设备效率的一个数值，以年为基础的能量输出与输入的比率。

AFV（可替代燃料车辆）：任何通过人工燃料而非汽油驱动的车辆。

农副产品：现用作建筑材料的农业生产过程剩余材料，如贝壳、植物茎秆。

漏气：建筑外壳意外的空气漏泄。空气向外漏泄指漏出。

空气缓凝剂/气密层：围绕建筑框架安装的、防止和减少漏气的材料，通过隔离过冷、过热或过湿的空气来提高能量效率。

反射率：某表面入射光与反射光的比率。反射率不同（或高或低）的屋顶材料会产生不同的结果。

估价：一般通过与其他地产比较、经证实得出的地产评估价值。

过敏原：可能引起人们过敏反应的任何物质。

顶层通风系统：为控制空气质量，让新鲜空气进入、让废气排出而安装在顶层的通风设备。使用连续檐底通风和连续屋脊通风是最有效率的，因为这可以让空气沿屋顶下面流通，在顶层最高点排出最热气体。

热压加气混凝土：在模具中混合混凝土、沙子、石灰、水、铝之后蒸汽加压形成的材料。经过该过程处理的好处是不可燃、易生产制造。

回流：可燃气体进入生活空间而非通过废气管道排出；这是由降压引发的，有时通过排风扇或表面热度引发。

防止回流设施：根据许多建筑条例，用在供水管道上防止污水回流到供水系统的抗虹吸设备。

平衡点：建筑内部获得的热能等于散失到周围环境的热能的温度。

镇流器：用来提供稳定电流或电路启动电压的磁力或电力装置。

生物富集：发现于污染气体、水和食物中，被生物有机组织慢慢代谢或排泄长时间以后造成累积的物质。

生物多样性：包含大量不同物种，并且这些物种之间通过互动形成复杂网络的生态系统。人类影响（主要涉及资源消耗）会大大减少生物多样性，并且增加了这些系统的灾难性毁灭的风险。

生物工程：使用有机植物和无机材料的混合物来稳定坡度和排水路径。

生物废水处理：基于湿地环境的自然处理方式，以太阳光和微生物有机组织体驱动的废水净化程序。

生物质：任何自然物质——动物粪便、树木残渣或植物及植物物质。

生物质能：生物质被利用或转化成燃料时所释放的能量。

黑水：来自厕所、厨房洗涤池、洗衣机等的脏水，可能被有害细菌或微生物所污染。

吹入型填充：使用大功率鼓风机和纤维电容栅板来把疏松绝缘材料安装进墙身空腔的方法。

硼酸处理木材：来自硼砂的矿物质，比其他木材处理剂更无害。用硼酸处理木材更加耐湿并且能防止白蚁。

棕色地带：因环境污染而限制改造或扩张的老商业区、老工业区。

BTU（英国热量单位）：热能的一种量度，池塘或水体温度提高一度所需热量的数目，或燃烧一根火柴所释放的能量的数目。

建筑法规：关于健康和安全的行政条例，用来规定建设和占地的规则。

建筑生态学：建筑内部的物理环境。空气质量、声学、电磁场是建筑生态学的核心问题。

建筑外表：被墙体、窗户、屋顶、地板围合的建筑封闭空间，能量通过该空间在建筑内部与外部之间转换。

建成环境：与自然环境对应的任何人工建成结构。

钙质层：一种常见的路基材料，由含钙、碳较高的土壤构成，不用加热即可凝固。

资本化率：未来收入资金被转换成现价数字的比率，以百分数表达。

二氧化碳：由一个碳原子和两个氧原子构成，通过动物呼吸作用或有机物质分解或氧化作用形成的分子。它是一种大气温室气体，植物在光合作用过程中吸收它。

一氧化碳：碳通过非完全氧化作用形成的产物，由碳和氧构成的有毒气体。当燃烧时，它呈现蓝色火焰并且生成二氧化碳。

承受能力：为了不使资源耗尽或使非独立生命形式退化，某一特殊产品的使用量。

纤维素：植物的纤维部分，现在用来制作纸张和纺织物，也可用来制作建筑产品，如绝缘体。

碳化铁物质：拥有胶合剂的特性，混凝土中的主要黏合剂。

认证木材：通过认证为可持续发展的木材。

CFCs（氯氟化碳）：被大量用于冷却、清洁溶剂、气溶胶喷射剂中的包含碳、氯、氟、氢的混合物。氯氟烃也用来大规模生产塑料泡沫，近年来被认为与臭氧层大规模退化有关。

变更通知单：承包商或建筑师申请对已批规划做出变更的许可。

贮水器：一种储水池，在地表之上或之下，用来贮存新鲜水体。

副产品：材料处理过程中剩下的任何物质，可以被再处理转化成可用材料。

光的色温：光的色表，冷或暖。

燃烧气体：燃烧过程产生的气体，如一氧化碳。室内的燃气电器可以产生这些气体，所以适当的通风是非常重要的。

社区：生活在一个明确的栖息地，由若干不同物种构成的一个组群，他们共享该栖息地但同时也保持相互的独立性。

紧凑型荧光灯：适用于爱迪生电灯插座的荧光灯，是相对白炽灯更有效率的另一选择。

合成：用来控制有机物质分解成为类腐殖质物质的过程，可作为有机肥料使用。

合成（环保）厕所：把废物处理成可用来做土壤改良物质的厕所。

传导：热量通过互相接触的固体材料进行的转移。

导体：任何可以传播热量、能量、声音的物质或对象。

人工湿地：用来处理径流和废水的、以自然湿地为原型设计的不同的系统。

建设废物处理：用来描述针对建造或拆卸中鼓励物质循环和再利用的一个术语。

冷/热负荷：用来抵消冷/热不足或过剩所需的热/冷空气。

契约条款：用来允许或禁止地产上的某种活动或用途的条款。

CRI（光的显色指数）：当物体通过电光显像，根据光的数量不同显示会有所不同。比率的范围为1~100，数字越高，物体将会显示得更接近真实颜色，数字越低，更加远离真实颜色。

对流通风：通过门、窗、墙体的适当大小和布局用自然风和气流来降低建筑的温度。

关键（控制）区：建筑内有很多控制污染源的位置，因此需要适当的通风控制来保持占用者的舒适度。临界区包括：自助餐厅、洗手间、礼堂、吸烟室，或占用者频繁变化的任何空间。

碎玻璃：被粉碎后返回循环利用的废弃玻璃。

采光：通过窗户、天窗、反射光的布局在建筑内部使用自然光。

度日：用来估计给定区域所需热量的数值的一种粗略量度；为日平均气温与65华氏度之差。

热水需求系统：为迅速提供并非预先加热储存在贮水器中的热头而设计的一种热水加热器。该系统可以消除浪费在贮水保温上的能量，使浪费在等水变热的水量最小化，并且有助于减少管道传送时的热量传导消耗。

设计条件：对建筑的空调和电力设计设定的内部和外部环境条件边界。

设计温度：用来计算能量的温度；计算不同城市、不同季节的最高值和最低值。

直射阳光：没有任何漫射，直接来自阳光的采光率。

昼夜通量：以华氏度测量的白天和夜晚温度之差。一般认为，25度或以上的昼夜通量属干旱气候，适于大量的建筑建设。

滴灌：一种为植物持续释放少量水的低压的地上引流灌溉。

抗旱性：景观植物在干旱条件下生存和适应环境的能力。

土地隔离（土地防护）：在地下建造一个隔离层使土壤温度更加稳定并且接近设计温度，在加热和冷却系统中可以提高40%~60%的效率。

屋檐：屋顶延伸到建筑边缘以外的部分，用于保护结构侧面。

生态学：以生物学的观点，来研究生物有机体之间及其与周围环境之间的关系。从社会学的观点来看，它是人类组群与他们的生活环境之间的互动，也考虑物质资源及创造的相应的社会、文化模式。

生态系统：生物赖以生存的具有微妙平衡的自然要素系统。

生态旅行：力图保护目的地区域自然、文化吸引力的旅行。

可食用的景观设计：在景观设计中使用可食用植物，如果树或结果灌木。

效率：一个装置的输入能量与可用输出能量的比值。

电流：电力流或通过摩擦、感应或由元素粒子的移动引发的化学变化所产生的能量流动。

电子镇流器：一种类型的荧光灯镇流器，可以减少闪烁和噪声，同时提高效率。

蕴涵能量：成长、收获、提取、机械制造、提纯、处理、包装、运输、安装、最终处理某一特殊物体、产品或建筑材料所需的能量。

辐射系数：一种物质通过气体空间传导远红外辐射的能力。低辐射系数的物质传导能力较差，对热带气候下的保温和控制热空气扩散很有用。

最终使用/最少成本：关注最终使用者的需求，在经济、社会、环境方面以最少成本达到最大利益的一种决策工具。

能量：工作的能力；千瓦时是常见的英国能量量度单位。

能源保护：有效率地利用、传输、生产、散播能源，减少能量消耗的同时提供相同或更高水平的服务。

能源或水效率：使用更少的能量或水来完成同样的任务。当一个装置显示出可观的或更好的服务质量却使用相比其他可用技术较少数目的能量时，它就是有能效的。

工程木材：再造合成产生的不同强度和质量的木料制品，用较少的材料生产出的坚实产品。

侵蚀：由风、水引起的土地表面磨损，该作用可能会被与农耕、工业或居住地开发、伐木、道路修建相关的土地整理过程所加强。

ERV（能量恢复通风设备）：使用气气热量交换器连接通风系统来控制建筑物内空气温度和湿度水平的一种机械设备。

蒸汽冷却：受限于干旱气候，使水蒸发为干热气流来冷却空气的一种冷却战略。

泡沫聚苯乙烯：一种硬质绝缘材料，常常用循环产品和不添加氯氟烃处理工艺制作而成，可以把球状饱和戊烷聚苯乙烯加热成不同密度用于不同用途。

坯料：机械制造产品的原始材料，如原油、生产塑料所需的气体。

开窗布局：建筑物内，任何可以采光和影响光线分布的建筑元素的开口布局。

荧光灯：在填满低压汞蒸气和其他气体的管道中，通过两个钨阴极之间的电弧产生亮光的一种灯。

飞尘：在高温燃烧过程中形成的灰渣，在混凝土混合时非常有用。

甲醛：在木制品中常被作为黏合剂使用，该有刺激性气味的无色物质如被吸入会引起很大刺激，同时还有可能是人类致癌物。

化石燃料：由曾经的生命有机体的遗留物经过上百万年时间形成的燃料，如原油、煤炭、天然气。

土工织物：通过工艺处理用在土壤中控制水和侵蚀的纤维品。

地热/地源热泵：使用地下线圈收集和传送热量到建筑物的一种热泵。

GIS（地理信息系统）：用在评估可能的建筑区位、景观、土地利用中，把信息数据（如土壤成分、水文、动植物生境）连接到制图程序的一种技术。

玻璃装配：防止天气影响而仍然允许光线通过的窗户玻璃、地膜、任何类型透明或半透明覆盖物。

全球变暖：作为温室效应的结果，地球温度经过长时期而逐渐上升。

GRAS（公认安全）：用来描述产品被多年使用而没有毒副作用发生的一个术语。

灰水：被洗衣、洗涤、淋浴用过的水，适合再利用去地下灌溉。来自厨房洗涤池和厕所的水不属此类。

绿色开发：基于环境响应、资源效率、现有社区敏感度等要素互相连接的一种开发方法。

温室气体：发现于地球大气层内的吸收红外辐射的大量吸热或影响辐射效应的气体，包括水蒸气、二氧化碳、甲烷、臭氧、氯氟烃、一氧化氮。

绿色屋顶：并入或位于建筑物屋顶的绿色空间，由在排水系统的生长培养液中的活植物层组成。这归因于可持续建造战略，可以减少暴雨径流、调节建筑内部或周围温度、为野生动物提供栖息地、为人们提供功能性的开敞空间。

绿色清洗：谎称产品或组织对环境安全，如众所周知的人造绿地。

生境（栖息地）：有机体或生物种群赖以生存和生长的一种特定环境。

HCFCs（氯氟烃）：造成臭氧层退化的一种物质，但只有氯氟化碳效力的1/12。

热岛效应：已铺筑地区的环境温度大幅提高。在策略上，树木和景观要素可以有助于减少该效应同时大大降低冷却成本。

热泵：用于加热和冷却，把热量从一个位置移到另一个位置的一种机械装置。热泵从多种热源抽取热量，包括空气和水体源头。

热量恢复通风设备：强迫输出气体通过输入气体，可以有助于维持控温、减少加热和冷却系统50% ~70%的能量利用的一种设备；也称为气气热量交换器。

HEPA（高效空气）过滤器：一种高质量空气过滤器，通常超过98%的大气效率，尤其用在清洁房间、外科手术室及其他特殊设备时。

高跟桁架：靠近屋檐、带有绝缘空间设计的屋顶架。其他屋顶架设计则缩小这个区域的绝缘空间。

高大规模建设：使用保温材料（如砖坯和砌石）来减缓昼夜温度变化的被动的建造策略。

家庭危险废物：在住宅中使用和处理的可能有危险的产品，包括涂料、染料、溶剂、杀虫剂及任何有腐蚀性的、有毒的、易燃的或易爆炸的材料和化学物质。

恒湿器：一种用来衡量相关湿度的装置。

人类健康风险：通过一种给定照射或系列照射而对个人健康造成损害或可能造成损害的可能性。

HVAC：加热、通风、空调系统。

热水供暖：通过使用辐射采暖地面或踢脚板系统内的循环水、风机盘管空气调节系统或对流系统加热空间的系统。

防渗覆盖层：覆盖地面，不让水渗到下面的土壤中的一种防水屏障。如能正确使用，它可以防止建设工地的非点源污染。

IAQ（室内空气质量）：建筑内空气的健康影响和清洁程度，各种材料、微生物污染物、二氧化碳等混合物释放到空间会对其产生很大影响。建筑材料的选择、清洁工艺、通风率都会决定室内空气质量。

填充：有助于防止城市无计划延伸的一种开发形式，通过开发已经包含在城区土地（对应于城市建成区外的未开发土地）中的空闲地块增进经济活力。

基础设施：道路、高速公路、下水、上水、应急设施、公园和游憩空间，或由市政府或私人所提供的其他任何市政服务设施。

绝缘材料：一般安装在居住空间周围，调节和改善加热控制器的各种材料，每一种都有 R 值来定义它的抗热性。R 值较高的材料绝缘性更强，可以有效地用来放慢热量流动。

综合设计：考虑到设计、建设、运作之间的互动，试图治愈和保护已被损害的环境，同时把健康食品、清洁水源、空气的生产再引入生态健康的人类社区。

千瓦（kW）：电功率的一种量度，1kW 等于 1000W。

千瓦时（kWh）：一种能量量度，使用功率乘使用时间的数值为一个单位。

土地管理：管理土地和资源，通过这样一种方法来促进可持续性和恢复性活动。

潜热：材料在不改变温度的情况下改变状态（液体到气体）所需的热量数目。

潜热负荷：来自热能，当空气湿度从蒸气状态变化到液体状态时释放的隐性负荷。在湿热的气候下，制冷系统必须拥有适当容量来处理隐性负荷，并同时仍然为居民维持一种舒服的气候。

引导通风：一种新型、不占据建筑空间的用来冲淡建设污染物的通风设备，以及在占用者到来之前达到可接受水准的 HVAC 系统。

租约：允许承租人在一段特定时间内拥有住所，同时向房东支付租金的一种合同。

夯土墙：一般用在制作墙体中，一种稻草和水泥的混合物，弄湿后进行模具塑型、加固成为一种坚固材料。

生命周期：一个产品的一串连续的过程和互相连接的阶段，从提取和制造开始，直到循环和废物处理操作为止。

生命周期评估：评估产品成本的过程，把一种材料的生命周期的所有步骤全部考虑在内，包括提取和处理原材料、制造、运输、分送、使用、维持、再利用、循环和废弃。

光：辐射能量的可视部分。

轻型结构：使用低密度材料建设建筑物，减少储存热量的能力。

采光架：利用自然光反射采光的策略的一种架子，位于窗下和天花板上，可以使光线透射更深、进入到内部空间。

太阳光吸收率：日照的热量与装上玻璃提供光线的比率。

木质素：在木头中，天然形成的把纤维素纤维绑在一起的聚合物。

油毡：一种天然耐用的地板材料，主要由软木制成，也可用于其他设备，如厨房工作台。

本地资源材料：在确定的半径范围内获得的材料，通过减少运输和能量使用有助于降低负面影响，同时也可以支持本地经济。

百叶窗：用于吸收不想要的光线的一组挡板，在某一角度遮挡光源，同时也可以选择性地通风。

低辐射系数窗户：用特殊图层装备玻璃，用来让大部分太阳光辐射通过，而同时防止热辐射进入。

流明：一个光源发射出的光的数量。

集体运输：人或物品从起始点到目的地通过使用公共运输系统（如公共汽车、轻轨、地铁）进行移动。

MDF（中密度纤维板）：一种组合的木质纤维板，一般用在细木家具和其他内部设备中，有时可能包含尿素甲醛，导致出现较差的空气质量。

甲烷（CH_4）：一种无色无嗅气体，几乎不溶于水，燃烧时呈苍白、微弱光亮火焰，生成水和二氧化碳（如果氧气不足则产生一氧化碳）。

微气候：建筑场地的特殊气候条件，被场地的地理、地形、植被或水体所影响。

矿物纤维：用在绝缘材料中，熔化拉丝形成的极细纤维的玻璃材料，是一种放射性呼吸危害物。

混合气体：在 HVAC 系统中，经过调节和过滤后的室外空气与回流空气的混合物，可用来供给空气。

混合利用开发：一种开发策略，把多种提高收入的用途整合进单一或多个建造计划中，一般包括住宅、零售和办公空间。

抵押：一种书面合同，要求把房地产作为抵押品来支付特定债务。

MSDs（材料安全数据表）：OSHA（职业安全与卫生署）要求由潜在危害产品的制造商提供的文件。包括关于有潜在危害性的空气污染物的信息、警告、检查提示、健康影响、气味描述、挥发性、燃烧污染、反应性、净化和处理工艺。

林地覆盖物：分散在工厂周围的有机材料层（稻草、木片、叶子等），用来保持湿度、防止杂草生长、营养土地。

美国国家门窗等级评定委员会：评定各种区域的窗户模型等级的一种委员会，如透光率、能量效率。

本土植被：在某一特定地区自然生长的植物，不是由人类播种或介入的植物。

新传统规划：一种规划类型，基于十九世纪美国乡镇地块，目标是使汽车使用达到最小化，通过规划集中乡镇中心和公共开敞空间来加强社区感。

新城市主义：一个城市规划运动，强调内城新生和美国郊区社区改革。强调的重点包括用途与人口的多样性；关注步行友好连通和明确界定的公共领域。

夜间通风：一种节约能量的建造策略，利用凉爽的夜间气流冲刷建筑，使第二天的冷却能量负荷最小化。

非点源污染：污染的类型，难以链接到一个目标源上，典型的就是水体污染。

不可再生燃料：难以制造或再生的燃料，如原油、天然气、煤炭，有一天可能被完全耗尽。

不可再生资源：有限的资源，耗用速度快过生产速度。这些资源面临耗竭问题。

人体感应传感器：一种传感器，根据空间是否在占用来控制光线、通风、加热设定。

废气/脱气：来自新产物（如新涂料、地毯和各种建筑材料）散发进空气的颗粒物。多数这些化学混合物可能引人不快或有害于健康。

按需热水：见“需求热水系统”。

运作成本：与地产管理相关的所有成本，包括维护、修理以及地产、市政设施、保险、地产税运作。

有机物：动植物有机体的所有自然物质。

方位：相对罗盘和太阳的方向的建筑瞄准基线。

OSHA（职业安全与卫生法）：1971 年创立的联邦机构，目的是防止工伤、疾病和死亡。

室外空气供应：从室外引入建筑物的空气。

臭氧（O_3）：3 个氧分子形成的一种分子。臭氧在地表是有毒的，但在平流层，臭氧层保护地球远离有害的紫外线辐射。

微粒污染：悬浮在上水或大气中的微小液体或固体颗粒组成的污染物。

被动建筑设计：利用天然和可再生资源的建筑构型，如太阳光和冷空气。

被动制冷：一种制冷策略，组合使用阴影窗、冷却的夏季风和其他因素来帮助减少建筑物的制冷负荷。

被动式太阳能系统：围绕收集、储存、分送太阳能资源的建筑设计。

回收期：资本投资中收回初始资本所需的时间数量，需要考虑运作成本和赚取的利润。

步行块地：组合住宅、零售、办公空间，位于1/4英里的公共交通范围内，小于规划的单元开发尺度或新乡镇。

步行尺度：面向步行的城市设计，使步行安全、便捷、出行模式有趣。

可渗透的：允许气体或流体通过；与湿度控制和建筑材料相关。

光电池：在清晨或傍晚用来激活开关的光敏电池。

增塑剂：保持软塑料弹性的化学物。经过长时间后，这些药剂的废气会使塑料变脆易碎。

多孔铺装：允许雨水渗透的铺装材料，减少径流数量。

消费后回收物：从循环的废物流中分离出来使用的材料。

功率：以瓦特（W）表示，功率是能量产出或消耗的比率。

经加压处理的木材：经化学处理过，防止潮湿或腐烂的木材。使用的化学物可能有健康危害性，必须适当处理和丢弃。经加压处理的木材在燃烧时可生成毒烟。

公共交通：集体传输系统，包括公共汽车和轻轨。可持续建造策略把建筑场地定位在靠近公共交通的地方，促进不用单人占用运输工具进行通勤。

PVs（光电伏）：固态电池，一般由硅制成，把太阳能转化为电力。

辐射屏障：低辐射系数比率的材料，用来阻挡辐射热量传送通过一个空间。

辐射能量：以电磁波形式从射源向各个方向辐射的能量。

辐射：热量通过空间的传送，电磁波从一个温暖物体到直线通过较冷物体。

氡气：一种无嗅无色的放射性气体，天然存在于土壤或岩石中。在建筑物内部，当氡集中时，它可以成为一种严重的健康危害物。

椽：一种结构部件，一般用来制成屋顶或盖板。

夯土：一种高质量的水、土、水泥的混合物，用来建造墙体。

循环材料：丢弃物作为原料重新引入、制造成市场终端产品的材料。

冷冻剂：在制冷系统中作为工作流体使用的一种物质。

相对湿度：空气中存在的水蒸气的百分数，与空气在凝结成液体形式之前保有水蒸气的能力有关。

热力特（relite）：位于门上或高挂在墙上的半透明板或窗，目的是让光线更深地射入建筑物。

可再生能源：几乎不会耗尽的或可再生的能源，如太阳辐射、生物质、风、水、地热。

可再生资源：若处理适当，可以像消耗速度一样快生产出来的资源。

更新改造：用新材料升级现存建筑物，而保持建筑物的原貌。

资源保护：力图保护、节约或再生自然资源的方法，该方法提供最好的经济和社会效益。

恢复：使景观或结构返回到原始设计。

式样翻新：升级、替换或改善既存设施中的结构物或部分装备。

再利用：不止一次地使用产品或市政固体废物的组成物，同时维持同样的原始形态。材料的再利用有助于减少可再生或不可再生资源的压力。

屋脊：坡屋顶的峰线。

风险评估：评估因特殊污染物实际或潜在的存在或暴露而引起的对人体健康或环境的风险。

径流：在地面上流动而非吸收进土壤的水。

R 值：一个单位，用作绝缘材料的抗热性比率。高 R 值的材料比低值的材料拥有更多的绝缘特性。

可利用废品：从废物流中转移出来的材料，目的是再利用。

SBS（病楼综合症）：通过人们在不健康的建筑物里显现出的症状来定义的一种状态。该症状包括头晕、眼睛发红、头痛、恶心、咽喉刺激、咳嗽，通常当人们离开建筑物时这些症状就消失了。

密封剂：用来封闭或固定某物防止空气或湿气泄漏的一种混合物。

沉淀池：做在地表的洼地，用来保存当地沉淀物和碎屑。

遮阳系数：在 0 ~ 1 区间内衡量一种给定材料与干净的 1/8 英寸双厚玻璃的日照的辐射之比。低比值的窗户传送的太阳能热量较少。

SIP（结构绝缘材料板）：含有聚苯乙烯的人造木板，使其对空气渗透的抵抗性更强。

剑麻：源自剑麻植物的纤维产品，用作地板覆盖物。

场地评价：在开发的规划阶段进行，评价场地特征，如土壤、水文、地形、湿地、风向、太阳角度、现有生态和社区连通性。

场地开发成本：在开发土地的准备过程中包括的所有成本，包括拆毁现有结构物、工地准备及工地内外的改善。

天窗：装有玻璃的屋顶窗孔，用来让日光进入建筑。

污泥：从废水中提取的沉淀物。

拱腹：带有封闭下侧的屋檐。

太阳光通路：布局建筑物及其景观以让太阳能获得能力最大化。

太阳能收集器：任何使用太阳能供给使用能量的装置，而这些装置在使用太阳能之前通常由不可再生能源供应能量。光伏板就是一种太阳能收集器。

太阳能：源自太阳的电磁辐射波中的能量。

源头减少：在设计、制造、购买材料方面的行动，促进资源节约，同时减少释放进入废物流和环境的有毒废物数量。

囤积房产：为找到买家进行投资生意而建设的住宅。

技术规范：作为一种与蓝图或规划的连接，给出必需规定（否则将不被包括进规划中）的详细规定，如建筑材料、尺寸、颜色或特殊建设技术。

蔓延：购物中心、小工业、居住区突破城市边界向外延伸。

稻草捆建设：一种备选的建造方法，利用数捆稻草进行墙体建设。这种方法减少了木材产品需要，再利用了农业废物产品，并且达到较高的绝缘值。

柱：垂直的结构部件，用来形成墙体框架，一般是木质或金属的。

二氧化硫：煤炭燃烧的一种副产品，无色刺激性气味气体，会导致酸雨形成。

遮光物：用来防止获得多余太阳光的阻挡设备。

超级窗：R 值在 4. 5 或以上，双层或三层的玻璃窗，内含一层聚酯薄膜涂层。

送风量：一般经调节的回流气体与室外气体的混合物，为通风而供应到建筑物或空间的气流的全部数量。

可持续的：满足当代人的需求而不损害未来人类需求的能力。对于保持可持续发展的人类社区，必须不能损害生物多样性、减少或循环使用尽量多的材料，消耗资源的速度不能快于再生速度，必须主要依靠本地或本区资源。

可持续材料：以强调对自然资源适当和有效利用的方式制造和处理的材料。

热断裂：用来减少两个元素之间热量流动的低传导性材料。

热架桥：一种高传导性元素，可以折中建筑外壳的绝缘值。

热烟囱：建筑物的一个区域，用来控制和利用热气流，有助于刺激新鲜气流进入建筑物。

热传导性：一种材料传导热量的能力。

热储存能力：一种建筑材料内部储存来自太阳的热量的能力。

倾卸费：倾倒大量废物进垃圾填埋区的收费。

TND（传统邻里开发）：新城市的主要形式之一，拥有可识别边界和包括公共空间与商业企业在内的中心的一种开发模式，包含多种活动和住宅类型，使用修改后的街道与街区互相连接的方格网系统，给予公共空间较高的优先权。

地形：一个地方的地表构造和物理特征。

表层土：土壤的最上层，比其他土壤层包含更多的有机物质。

公共交通导向的开发：一种混合用途社区的开发，从公共交通站点到该社区的平均步行距离是2000英尺。这种开发把核心商业区、居住空间、零售空间、办公空间、公共空间组合进一块公共领域，易通过步行、自行车、公共交通到达。

特朗布壁：一种砖石墙，面朝南，在几英寸外有一层玻璃。太阳射线通过玻璃并传送进热量到墙表面；该热量或进入建筑内部或在通过排风孔进入建筑内部时被热虹吸。

真实窗户（墙体）：一种窗户或墙体的选择，通过切除该部分来显示他的内部组件。

紫外线辐射：波长在4～400纳米的电磁辐射，通常来自太阳，能够对健康造成危害，引发癌症或白内障。

脲醛泡沫绝缘材料：一种绝缘材料，曾经常见于窄小设备层和阁楼，来自该材料的辐射被发现是一种健康有害物质。

U值：当两边的温度相差一度时，一种物质的热量出入传导性量度。U值用来衡量窗户装配或玻璃装配的性能。

烟雾：类似气体形成的化合物，通常为液体或固体形式。

隔汽层/蒸汽屏障：用来阻隔或减少水渗出的一种材料。

特殊许可：现有分区法律一般不会允许的、对特定地产或结构物进行特殊使用的一种许可。

VOC（挥发性有机化合物）：一种化学化合物，会引起恶心、颤抖、头痛，并可能会造成长期危害。VOC一般散发自油基涂料、水性产品和其他建设材料。

暖边技术：把低传导性隔板放在靠近绝缘玻璃边缘来减少热量传送。

废水：在生活、农耕、工业处理过程中使用过的水，包含不溶性的或可溶的微粒成分。

用水预算：一项设施的需水量估计值，考虑装置和设备的流量、占用所需、景观所需。

回收用水：收集径流和雨水用于不同任务，如灌溉和水景。

流域：根据地形特征汇集流水的地域。

瓦特（W）：电功率的一种量度。1W 等于 1 焦耳/秒。

湿地：陆地生态系统和水生生态系统之间的过渡地带，一年中的部分时间被水覆盖。湿地的作用有自然防洪排涝、自然改善水质，并对物种多样性及其生态非常重要。

系统思考：以便考虑所有相互连接的系统一次性发现、提出、解决多个问题。

侧壁：一种外墙，垂直连接于外部墙壁，促进靠近窗户的空气流动，目的是通风。

功：在力的作用下通过一段距离。功率是做功速率的定义，能量是被储存的功。功的基本单位是焦耳，它的定义是 1 牛顿力通过 1m 的做功数量。

节水型园艺：使用抗旱耐旱植物、强调节约用水的景观设计。

分区规划：本地政府的法则，用于防止土地用途矛盾、保持开发结构、维护私人所有土地的规定。